二十世纪西方文化最杰出的三

墨菲定律

墨　墨◎编

黑龙江科学技术出版社
HEILONGJIANG SCIENCE AND TECHNOLOGY PRESS

图书在版编目（CIP）数据

墨菲定律 / 墨墨编. —— 哈尔滨：黑龙江科学技术
出版社, 2018.12
　　ISBN 978-7-5388-9892-7

　　Ⅰ.①墨… Ⅱ.①墨… Ⅲ.①成功心理－通俗读物
Ⅳ.①B848.4-49

中国版本图书馆CIP数据核字(2018)第257879号

墨菲定律
MOFEI DINGLÜ

作　　者	墨　墨	
项目总监	薛方闻	
策划编辑	沈福威	
责任编辑	刘　杨　沈福威	
封面设计	陈广领	
出　　版	黑龙江科学技术出版社	
	地址：哈尔滨市南岗区公安街70-2号　邮编：150007	
	电话：（0451）53642106　传真：（0451）53642143	
	网址：www.lkcbs.cn	
发　　行	全国新华书店	
印　　刷	三河市越阳印务有限公司	
开　　本	880 mm × 1230 mm　1/32	
印　　张	6	
字　　数	150千字	
版　　次	2018年12月第1版	
印　　次	2020年9月第7次印刷	
书　　号	ISBN 978-7-5388-9892-7	
定　　价	36.80元	

前　言

我喜欢在凌晨两点看书。

我知道，空置的大脑容易懒惰，于是我选择给它寻找点"高级食物"，看看哲学，翻翻各种定律，希望能给我的世界增加点风景。我愿意做一个有知识的人，至少看起来是那样。

今天是周末，我的家里又会来很多朋友，因此我早早地备好了茶水，静静地等待着。

九点钟，他们很准时。大家没有刻意地打扮，也没有各种礼物，有的只是一个个天马行空的大脑和一张张永不服输的嘴。

我的嘴很笨，很多时候，我有好的想法，也想插嘴，然而却总是以尴尬的闭嘴结束。但我会倾听，记忆力也很好，还有泛黄的稿纸和一支再寻常不过的笔。

你或许会问：你为什么不用电脑记录？

我的答案是，如果能记下来就记下来，记不下来就让它随着嘴边溜走。我们只是聊聊天，并不是什么大师。

他们从天上说到地下，我心中认同的就记下来，不认同的就用遗落来表达我的反驳，这已经成为一种习惯，这个习惯大概有一年多的时间了吧。

有一天，其中的一个编辑朋友问我记了多少。我看了一下，告诉他说："大概有两万块钱那么厚。我的字写得比较大，每页平均在 200 个字左右。"

"那能出本书了。"他的欣喜让我猝不及防。

"你们说的那些真的有营养吗？我看就不必了吧。"我嘲笑道。

"这都是'大师'说的，我们只不过是加工加工，蹭蹭热度。"他假装谦虚道。

计划就这样定了，他们动动嘴，我就得熬夜加班。最后我提议道："出书是可以的，但是稿费归我，我来买茶叶。你们来我这倒是痛快了，也不说带点茶叶过来。"

他们表示没有意见。

我于是开始工作，花了两个月的时间，把他们的"口水"整理成电子稿，有十几万字，感觉还行。我看了下记录的那些内容，确定我是善良的，他们有些阴暗的论调、狭隘的方法论和不靠谱的胡说八道我并没有记录下来。

事实上，没有一个人会真正被道理所说服，因此我也并不渴望这本书能有那么大的作用，只希望读者在感到不幸、纠结之时能够给自己找点儿成熟的理论。另外，我还写了点现实中能够用到的小知识，涉及管理学、经济学，希望在你阅读的时候，感受到我的认真，这就足够让我心满意足了。

作者

目 录

1

第三章　管理中的艺术

第四章　做个受欢迎的人

第五章　懂点经济学

第六章　不纠结的人生

第一章

做个幸福的人

什么是幸福？得到的没有无缘无故地丢失，那就是幸福。

幸福，一种由内而外溢出的液体，这种液体充满酸甜苦辣，但却散发着芳香。是我的嗅觉出问题了吗？当然不是，我更愿意相信我的内心，而不去计较它的味道。

卡瑞尔公式："绝处"一定"逢生"

没有什么事情是解决不了的，越是逢"绝处"，其实越能"重生"，就像卡瑞尔公式一样。

什么是卡瑞尔公式呢？

很久以前，有一个叫卡瑞尔的年轻技术工人，因为他在修理机器上遇到了难题，所以每晚都辗转难眠，睡不安稳，唯恐自己因为处理不了问题而丢失饭碗。

后来他左思右想，觉得焦虑不能解决任何问题，只会增加自己的心理负担，于是他索性告诉自己，做最坏的打算，接受最坏的结果。

没有了心理负担之后，他整个人反而轻松了起来。他直面问题，冷静地修理机器。在一次又一次地尝试之后，他面前的机器开始正常运转了起来，他的努力也换来了自己的成功。

在生活中其实也是一样，当你遇到困难的时候，不要第一时间去选择逃避，而是要调整好自己的心态，敢于直视困难。面对困难，你越是无惧，其实就越轻松；你越是恐慌，你的心理压力就越大。

卡瑞尔公式可以运用到生活的方方面面，举例来说，某同学要参加高考，但考前却非常紧张。众所周知，高考算是人生比较重要的转折点，所以紧张也是能够理解的。但过分紧张或许会影响考试的正常发挥，所以这个时候如果运用卡瑞尔公式，或许于己有用。

那么，考前考生应该怎样做呢？

首先，做最坏的打算。最坏的打算无非就是与自己心仪的院校失之交臂。

其次，就是必须接受这个最坏的打算。

其实考试成绩无非三种：考得好、考得一般、考得很差，也就是发挥超常、发挥正常、发挥失常。退一万步来说，万一没有发挥正常，那么短时间的难过是可以理解的，但决不能长时期地颓废。

因为学校的好与不好并不能决定你的前途，有些人在重点大学浪费时间，不好好学习，出了校门也仅仅是混到了一张文凭而已；若在一般的大学，你能好好把握时间，吸收更多的知识，那么走出校门，走上岗位后，你的能力也会弥补学历的不足。

最后，当你接受了最坏的打算之后，你反而能平静地对待高考了，在考场上不会因为紧张而忘记平时会做的题目，也就不存在发挥失常这一说了。

我有位朋友在考试这件事上就做得非常好，他似乎非常清楚卡瑞尔这一公式。因为他每次考试都像"考神"附体一样，经常超常发挥。问及原因，他的回答跟卡瑞尔公式的原理一样，每次考前都不会紧张，自由发挥。没有紧绷的弦，心里自然畅快，而一畅快，脑子里平时记住的东西都能轻松地流到笔尖上为他所用了。

说白了，你越计较得失，"得"就未必能属于你；相反，你把它看淡一点、看开一点，它反而会"赖"上你。

前阵子大家的朋友圈被一篇文章刷屏了，文章里的小伙子刚过 30 岁生日不久，却被检查出胃癌。当家人都一副垂头丧气的状态时，他却表现出一副"事不关己"的样子。

他留下一封信就奔赴远方了。信里说，他这些年工作太累了，现在好不容易歇一歇，还真是要感谢这场病。他不想在医院里面对着那些冰冷的器械，有这些时间还不如去远方看看世界。

从他踏出家门的那一刻开始，他感觉到的全是生命的美好，还有从未有过的舒适。在路途上，他结交了很多新的朋友，别人也看不出他是一个"将死之人"。他与大自然交往，以天为幕，以地为席，丝毫不去考虑死亡的事情。

他告别了过去，反而获得了"重生"，这正是因为他用了卡瑞尔公式的小窍门。他告诉自己，最坏的结果是什么？是死亡。既然是死亡，那不如让自己坦然地接受。

接受死亡以后，那就不如痛快地去改善现在的状态，让自己尽量开心地活，结果反而越活越好。

所以面对困难，最好的方法就是直视、摆平、解决。

生而为人，总会遇到难题，难题并不可怕，因为只要是题，就一定会有答案。

我记得以前销售部门的一位同事接了上司交代的一个任务，上司对他说，如果这一季度完不成指定的销售业绩，他就要卷铺盖走人，没有任何商量的余地。

同事一开始听了心里还有点不舒服，因为不想让自己有心理负担，后来他调整了对策，一遍遍地告诉自己，就算完不成也没关系，重新换一家公司，从头再来，没什么大不了的。

卸去这一心理负担之后，他反而能轻松地"上阵杀敌"了。他表现得比平时更出色。那次他的业绩不只达标了，还超额完成，最后，他被提拔做了小组的组长。

有什么大不了的呢？不管困难有多大，都做最坏的打算。最坏的结果你都能承担了，还有什么好怕的？

所以卡瑞尔公式告诉你，"绝处"一定可以"逢生"，下次遇到困难的时候，你大可以试试看。

绝处逢生的例子不在少数，其实我也是卡瑞尔公式的受益者。

大学毕业之后，我像很多应届毕业生那样走出校门找工作，拿着打印的精美简历却屡屡碰壁，一连两个月都没有找到合适的工作。那阵子我每天都处在焦虑之中，生怕自己一直这么下去会废掉。后来无意间看到了一篇文章，内容引用了卡瑞尔的故事，才让我茅塞顿开。我重新调整心态，再次迎接挑战。那会儿我想了最坏的结果，无非就是接下来的日子可能会找不到满意的工作，最后卷铺盖回老家，把梦想丢弃在这里。

我想了很久，当自己也能接受这个最坏的打算之后，感觉好了很多。因为以前不敢考虑的后果都提前想到了，所以反而能调整心态"迎敌"了。我把自己的状态调整到最佳模式，每次面试都精神饱满。没出一个星期，我就被自己向往很久的公司录取了。

所以桩桩件件的事情都能证明，没有绝对的"死"，而且有"死"就一定有"生"。

右脑幸福定律：幸福感来源于"右脑"

现在，很多年轻的女性在怀孕期间对宝宝进行胎教的时候，都会有意识地刺激胎儿的右脑，想令其右脑变得发达。这么做是因为她们都熟知美国心理学家霍华·克莱贝尔的右脑幸福定律：右脑使人幸福，左脑用得多的人不易感到幸福。

知道这一定律后，孩子一生的幸福自然是要从在"肚子"里就开始抓起。因为从胎儿形成到出生的那几个月里，如果胎教做得足够好，他（她）的细胞会比正常人多出三分之一，那几个月，也正是孩子吸收的黄金时期。

为什么说使用右脑比使用左脑更幸福呢？据专家分析，左脑是"自身脑"，它属于理性圈，例如"逻辑""功利""个人经验""分析与计算"这些词都跟它沾边；而右脑的代表词汇是"灵感""直觉""音乐""艺术""宗教"。说简单点，左脑是"现实派"，而右脑则是诗和远方。

随便说几个开发右脑的优点，相信你看完之后就会被它"魅惑"。

1. 有助于提高记忆力

总会听到一些人说自己记忆力不太好，是天生的，小时候就如此。真的是这样吗？其实不是的。人的记忆力没有天生好坏的区别，唯一的区别就是会不会用脑。因为人的大脑有一种非常厉害的记忆功能，而这种功能刚好处于右脑的中端。毋庸置疑，谁都想记得比别人多，比别人快，想做到这些，就必须开发右脑。

2. 做事效率更高

很多人做事时间花费了不少，却总是没效率。为什么？说到底就是不会用脑。

举个例子，如果你用左脑看书，你可能要花费 8 天时间才能把一本书看完。但如果开启右脑，你可能只需要 8 个小时就能看完一本书。

3. 观察力更敏锐

那些观察力敏锐的人都善于运用右脑。要知道人的观察力受制于空间感知的影响，只有通过色卡训练，才能在大脑里形成思维影像。善于运用右脑的人在生活中也会有较强的观察力，观察事物会比别人更细致、更精确。好比在一张写满了"人"字的纸上加一个"入"字，他一眼就能找出那个唯一的"入"字。

4. 判断力更强

记忆力好，效率够高，观察能力够强，判断力自然不会弱到哪里去。右脑发达，判断力也跟着一起发达，右脑发达的人能找到问题的关键脉络所在，然后"对症下药"。

5. 能有效提高情商

情商，对于很多不会处事的人来说是个很大的硬伤。右脑变得发达以后，你的情商也会跟着一起改变，它会教你为人处世，能控制你脱口说出那些"蠢话"。很多时候，情商比智商更重要，是事情成败的关键。

虽然使用右脑有种种好处，但真正使用它的人却非常少。因为人总会潜意识地选择比较简单的东西，而不想给自己带来不必要的困扰。因为左脑比右脑更容易开发，所以使用左脑的人要多得多。

但是要想离快乐近一点，幸福指数高一点，就一定要多开发右脑。你可以错过先天的胎教，但一定不能错过现在开发右脑的训练。

那么我们要如何开发右脑呢？首先，经常锻炼左手、散步、吟唱、垂钓等这些都是比较不错的开发右脑的方法。有专家还指出，反复诵读也可以开发右脑，让记忆在深层次巩固，不会转眼就忘。单词、诗句、领导吩咐过的任务，或者家庭琐碎，都需要强大的记忆功能，稍有不慎，就会遗漏一二。这个时候就要开启反复记忆法，渐渐把右脑的那扇大门打开，让它为你所用，让你去控制它，而不是它来控制你。

其次，可以通过静坐冥想，让大脑进行高速生动的想象，对身心会起到很大的作用，也是开启右脑之门的钥匙。

其实说到超强记忆这一点，有人说过某些人的记忆力超强，简直就是天才级别的，因为他们的脑子像是一个很大的容器，能容纳很多的记忆，仿佛"前世今生"都能容纳进来。

例如德国的一位考古学家，他会多种语言：英语、法语、荷兰语、俄语、瑞典语、波兰语、拉丁语、阿拉伯语等。会多门语言的前提是必须掌握大量的单词，只有这样，才能把这门语言学透。

会这些语言的背后，更是要有惊人的记忆力。如果记忆力弱，一门语言都会学得焦头烂额，更别说好几门语言了。

当然，上文的考古学家就是启用了右脑，他用"海马记忆法"来学习这些语言，通过大量输入和背诵来巩固记忆，最终学懂了这几门难啃的外语。

这些记忆超人是天生的吗？研究者通过观察发现，并非如此。这些人只不过是会使用右脑，加上后天勤奋刻苦，最终才变成了

"记忆超人"。

有些天才特别擅长使用右脑，比如爱因斯坦和莫扎特，这两位名人就是经常使用右脑的卓越人物。

据说爱因斯坦小时候特别爱玩游戏，他玩游戏的方法也很特别，他是通过图画想象来玩游戏的。他自己后来也说过，他所有创意的源头都是想象游戏。所以，他是在右脑的想象中得来的灵感。

音乐家莫扎特也是如此。他最厉害的一点是可以在自己的右脑里构思出一首完整的曲子来。

通过以上例子，我们可以看出开发右脑的重要性。如果你有宝宝，那就培养他（她）在幼年时使用右脑的习惯；如果你是成年人，那就训练自己，让自己科学地运用右脑。

当然，右脑开启的前提是不能懒惰。若要拥抱幸福，那就勤快地去开发并训练右脑吧。

贝勃定律：珍惜多少，才能拥有多少

有这样一个故事：一个女生和妈妈吵架之后，赌气离家出走了。她在外面漫无目的地逛了一天，因为肚子饿，于是走进了一家面馆，却发现自己忘了带钱。面馆老板好心地煮了一碗免费的面条给她吃，女孩感动得直说谢谢，她说没想到一个陌生人都对她这么好，而她的妈妈……

她后面没说完的话，很显然是在责怪她的妈妈，作为自己的至亲，都对自己如此"绝情"，而一个陌生人却能对她善意相待。

生活中的我们不也经常这样吗？我们总是容易忽视至亲对自己的好，无论他们为自己做了多少，只要做一件不如我们意的事，我们就会把他们之前所付出的全部否定掉；而与自己没有生命牵连的陌生人的一个善举就能让自己感动得泪流满面。

以上所说，其实就是贝勃定律，是我们生活中常见的一种定律。这个定律也在告诉我们：只有懂得珍惜，懂得感恩，我们才会越来越幸福。

无论是在生活中，还是在职场中，贝勃定律都是存在的。例如，一家公司有两个一同入职的小伙子。A 开始是一个很上进、很勤奋的人；B 则相反，他懒惰不上进，也不会按时完成手头上的工作，还经常迟到，两个人形成了鲜明的对比。但日子长了之后，A 因为熟悉了周遭的环境，于是开始懈怠了起来；而 B 在熟悉了公司的各项制度以后，守起了规矩，并开始按部就班地工作。

这个时候公司就有了各种声音，批判 A 的不是，说他是个"假"人，"人前一套，人后一套"，心机深沉，也有人说他人品不好。说起 B 的时候，大家都是一片赞扬的声音，说他"知错能改"，是个难得的人才，说他才是真正上进的那个人。

其实 B 做的也只不过是按时上班，按时完成工作而已，而 A 以前付出的要比 B 多得多，但 A 做过的那些事情，众人早就不买单了。

人的心理就是这样，这也应了那句话："当人经历强烈的刺激后，之后施予的刺激对他来说也就变得微不足道了。"但众人的说法对 A 是不公平的，可 A 还是得耐着性子接受。

当然，除了工作之外，在商业中，这一定律也是经常出现的，因为这是商家惯用的伎俩，所以这一定律也被冠上了一个别称——"狡猾"的定律。

商家如何使用它呢？例如，每逢"七夕""双十一"之类的大型节日，某些店家会把自己的商品价格暗中抬高，然后做出一副大打折扣的模样，其实其商品价格还是远远高于成本的。但顾客还是会心甘情愿地去买单，并觉得自己捡到了大便宜。

这一定律也适用于感情，它能"蒙蔽"我们的双眼。

一位友人经常和我谈及他的感情状态，开心与不开心都会同我分享。最近，他跟他女朋友闹了一点小矛盾，互相不理对方。女生更是把他关进了"小黑屋"——把他拉黑了。

我说："都到这么严重的地步了，你还是赶紧主动示弱去解释吧。"他淡定地摇了摇头，一副若无其事的样子，在他身上完全看不到他们刚在一起时吵架后不知所措的样子。他说："没关系，不出一天，她就会重新把我'解封'，再把我加回去的。"说这话时，他一副胸有成竹的样子。

果然不出他所料，第二天一早，他女朋友就重新把他加回去了，像什么都没有发生一样。他说以前每次吵架，她就喜欢玩这样的把戏，每次都拉黑他。头一两次他还很在乎、紧张，次数多了以后，就变得有点"麻木"了，没有任何不妥和担心的感觉了。

另一个朋友也是这样，他和他女朋友交往半年多了，一开始就是正常交往，没出什么问题。但半年之后，各种小矛盾就层出不穷了，女生一生气就什么话都不说地离家出走。一开始朋友还会出去找，发生过5次之后，他索性像没事人一样该干吗干吗。没出3个月，两个人就分手了。双方都没有反思自己的过错，都觉得是对方的错，对方不够在乎自己。

　　这也是典型的贝勃定律。但是这样的方法用得多了，难免会伤害两人之间的感情，两人之间的信任也会在无形中瓦解，是得不偿失的。

　　生活中类似贝勃定律的例子不在少数。

　　我的一个邻居，家里有一儿一女。妹妹懂事听话，很能赚钱；哥哥却一无是处，整天游手好闲，赚不了几个钱。妹妹经常贴补哥哥，家人也习惯了这种模式，觉得理所应当。妹妹哪里稍微做得不好，父母就会指责她；而哥哥只要稍微做点小事，父母都会觉得他成长了，会夸赞一番。时间长了，妹妹难免也会跟朋友抱怨几句。

　　之所以出现这种情况，除了她的家人有重男轻女的思想外，还是一种典型的"道德绑架"——她付出得多，就理应承受得多，包括指责，包括谩骂。

　　这样做，对于妹妹当然也是不公平的，如果付出得多的那方反而要承担这样的不公平，那人会有多心寒呢？试想，妹妹无论怎么做都免不了挨骂，不如一开始就不要那么乖，让他们一骂到底，或者在数落完之后进行反抗，或许这样一家人才会懂得妹妹为人处世的珍贵之处。

　　所以，如果我们懂得这种贝勃定律，在生活中就要学会改变自己的思想，要学会明辨是非，不要被定律"绑架"。

　　贝勃定律告诉我们：人要懂得知足，懂得感恩。如果不会感恩，你的幸福指数就会大打折扣。因为你珍惜得多，才能拥有得多。

麦穗理论：不求最好，但求合适

最漂亮的鞋子，如果穿在自己的脚上不合适，也要舍弃。因为最好的不代表就是最适合自己的，只有适合自己的，才算得上是最好的。这其实就是麦穗理论。

在生活中也是这样，尤其是在婚姻里，这种哲理现象普遍存在。苏格拉底就曾通过实验论证了这一理论。

在很久之前，苏格拉底的三个弟子向他请教，问他怎样才能找到自己理想的伴侣。大师一般都不会跟你解释很多，只会直奔主题。面对这一问题，他什么话都没说，直接把这三个弟子带到一片麦田里，让弟子们每人挑一根最大的麦穗。做这一切的前提是，不能走回头路，也就意味着他们只有一次选择的机会。

这三个弟子呢，颇有意思，因为他们的选择大不相同。

第一个弟子刚走进去没多久，就摘了一根自认为很大的麦穗，心里不禁扬扬得意。但他越走越发现自己做错了选择，因为后面的麦穗远大于他手上的麦穗。

第二个弟子不同于第一个弟子，他恰好相反，他一直往前走，总觉得最大的麦穗都在前面，所以他看到比较大的麦穗时，都没有下手。等走到最后时，他才发现最大的麦穗早就错过了。

第三个弟子，也是三个人里比较聪明的一个了。他不慌不忙地边走边思考，然后把麦田分成了三份，走第一段路时，他只看不摘；继续往前走时，他会将现在的麦穗与之前看到过的麦穗进行对比。最后他挑选了一根他认为最大的麦穗。当然，他也是这三人中拿到最大麦穗的人。

这就是苏格拉底的麦穗理论，它用在婚姻和生活中最合适不过了。这个例子，就好比要结婚的年轻人：第一个弟子代表着"闪婚"一族，自己认为火候差不多了，看对眼就结了，也不思索太多，结果结完婚之后发现处处不合适，又迅速离婚了；第二个弟子属于"挑剔狂魔"，这也不行，那也不合适，看什么都不顺眼，结果挑来挑去，好的姑娘或小伙子被错过了；第三个弟子是心境最明亮的一个，他懂得什么是适合自己的，什么是不适合自己的，他挑选的不一定是最漂亮的，但一定是最适合自己的那个，所以他的幸福率要大大高于前两个人。

只有在选择前擦亮眼睛仔细思考，才能利用麦穗理论达到双赢的结果。

麦穗理论从来不止应用于婚姻范围之内，它还被广泛运用到了生活的方方面面，包括买东西。

举个例子，我有一位姨妈，每次都嚷嚷着要买房，结果空喊了4年，一直都没有买成。每次看到自己喜欢的房，她都会觉得最好的在后面等她，后面有更好的，价格更低的。于是她抱着这种念头，一直到第4年，也没能如愿等来她想要的理想的房子，但是房子的价格却每年在递增。

后来她一边后悔一边反思，要是早点下手，也不至于落到这般境地。有了这次教训之后，她买东西不敢再犯以前的错了，只要遇见她喜欢的东西，觉得价位还能接受的，她就果断下手。还好姨妈能"知错就改"，不然一直"贪心"下去，结果就是什么都得不到。

我这位姨妈不是个例，生活中肯定还有很多跟我姨妈类似的人，他们做什么事都犹豫不决、踌躇不前，错过了很多本该属于他们的东西。

小 A 就是这样的一个人，做什么事都拖泥带水，思考缺乏灵活性，即使再小的事情也一样。

有一次她跟好友一起逛商场，在某个品牌服装店里看到一件自己喜欢的衣服，她立刻试穿了那件衣服，好友说她穿上很有气质，最主要的是她自己也很喜欢。但她一看价格牌，兴奋的心情立刻就收住了，因为衣服价格太高，不在她能接受的范围之内。她放下衣服扭头就想走，好友劝她，既然喜欢就买下吧，买衣服也是讲究缘分的，不是件件都能合自己的心意。但她还是执意要走，说过几天再来看，或许有折扣价。好友只得作罢，没再继续劝她。

几天之后，她抱着"衣服没被买走，且还打了折扣"的侥幸心理来到那家服装店。到了那里后，她发现自己喜欢的那件衣服已经被别的款式所代替了，她想买都买不到了。

自己做出的决定，不是每次都可以反悔，然后再重新抉择的，这也就回到了一开始苏格拉底的麦穗理论。在做选择前，一定要思考透彻后再做决定，毕竟人生没有那么多重来的机会。也不要一直挑三拣四，觉得什么都不是最好的，要知道，最适合自己的才是最好的呀！就比如说一双鞋，你觉得它摆在那里太好看了，也不管合脚不合脚，一心想要把它买回家。买回来后，穿一次磨一次脚，最后血泡都磨出来了，你就只得忍痛把它抛弃了。它是外表漂亮，可那又怎样呢，因为它不适合你，再怎么漂亮都没有用。就像你从事一份工作，工资高，节假日双薪、五险一金齐全，什么都好，可你偏偏适应不了它的岗位，那就只能放弃，选择一份你能应付得来的工作。

所以，在麦穗理论面前，你玩不了任何心机；在机会面前，你只能老老实实地选择一个最适合自己的。

无论是婚姻也好，事业也罢，抑或是其他的生活琐碎，把握好了，就当机立断，才能给自己的幸福多提升几个档次。

布里丹毛驴效应：在抉择面前，不要犹豫

布里丹教授养了一头毛驴，有一次他拿了两捆干草喂毛驴，但毛驴却不为所动，因为它在两捆草料之间不断做选择。而这两捆干草无论是数量，还是质量，都是相等的。

毛驴无法分辨出好坏，于是一直在徘徊犹豫，站在中间不动，东想西想，什么都想不出来，最后活活把自己饿死了。

毛驴效应其实挺可悲的，因为难以做出抉择，所以总是徘徊不定，导致最后损失惨重。这虽然只是个实验，但实验的结果无疑是沉重的，因为毛驴没有果断地做出决策，最后导致了自己可悲的下场。

我听过这样一个故事：印度有位哲学家，他饱读诗书，有八斗之才，是很多女人所迷恋的对象。众多迷恋他的女子中，有一个女子勇敢地前去敲他家的门。女子对他说："让我做你的妻子吧，我将会是这个世界上最爱你的妻子。如果错过我，你一定再也找不到第二个像我这么爱你的人。"

哲学家虽然也很喜欢这个女人，但他还是犹豫了，他拿出他的那套哲学体系，做起了分析，分别把结婚的优缺点罗列了出来，但结果还是不那么明朗，于是他陷入了苦恼中。

经过长期的内心苦战，他终于得出了结论，那就是面临抉择的时候，选择没有尝试过的那个，也就是自己尚未经历过的。没有结婚的日子，自己已经体验过了，而结婚的日子还没体验过，不如就答应那个女人吧，娶她为妻。

于是哲学家整顿一番后，去到了女人的家中，接待他的是女人的父亲。哲学家看到女人的父亲就迫不及待地问："您女儿呢，快告诉她，我想好了，要跟她结婚。"

女人的父亲冷笑着回答他："你来晚了十年，我女儿已经是三个孩子的妈妈了。"

这虽然是个冷笑话，但也正应了布里丹毛驴效应。

哲学家在面临选择时左右为难，结果因为自己迟迟下不了决心，而牺牲了属于自己的幸福。左右为难，犹豫不决，最后什么都没得到，手中依然空空如也。

把布里丹毛驴效应折射到生活中来，有多少人是这样的呢？

Randy 是一个仪表堂堂的男人，事业不错，各方面条件也相当优越，唯一让父母担忧的就是他的婚姻大事，因为他已经 35 岁了，一直单身。他的父母总觉得只有解决了儿子的终身大事，才能无忧无虑地过暮年生活。

为了让父母不再忧心，Randy 也打算结婚生子。在两个月内，他认识了三个不一样的女生。他筛选掉了其中一个，留下了另外两个他觉得还不错的女生。这两个女生，一个能力强，顾家，实在，属于贤妻良母的类型；另一个年纪更轻，长相美丽，但是喜欢玩，不太懂得持家。Randy 喜欢第一个女生的实在，也喜欢第二个女生的美貌，所以他左右摇摆，一直下不了决心，于是就这么同时与两个人交往了一年。

其实这种情况拖的时间越久越不利，感情就得快刀斩乱麻，不然就是对其他两个人的不公平。Randy 以为时间一久自己就会有决策，但他错了，如若他真的能顺利做出决定，就不会拖一年了。

到最后自然是东窗事发，纸包不住火，Randy 同时交往两个人的事情被两个女生知道了，两个女生愤怒地把他骂了一顿，然后就把他拉入黑名单了。本来一件美好的事情，就这样鸡飞蛋打了。

Randy 的优柔寡断，让自己既辜负了时间，又辜负了女生的心意，最终得不偿失。

Randy 此举，不禁让我想起了另外一个故事：

古时齐国有一位女子，因为长相秀丽，举止优雅，所以有两家人同时向她求婚。东家的儿子长得很丑，却很有钱；西家的儿子长得俊美，却穷得叮当响。

当父母的左右为难，不能替女儿做决定，于是就去问女儿的意见。女儿羞于启齿，她母亲就跟她说，你想嫁哪个，就举起哪边的手。母亲的话音刚落，女儿就把两只手都举了起来。她母亲讶异，问她理由，她说她想在东家吃饭，在西家住。

这真是一个颇有意思的故事，女子做不了决策，于是便两个都想霸占。但哪有这样的美事呢？选其一就不能选其二。两个都想要，自然是两个都要不成。如果做不了决策，就问问自己的内心，自己最想要的是什么，有迹可循，就会简单一些。

太贪心的人往往什么都得不到。我们时常也是这样，顾得了东就顾不了西，两者都想顾，自然两者都顾不好，不如仔细思考，排除利弊，挑选一个适合自己的方案。我有个朋友，去美国一家公司参加一场面试，面试结果很好。他们公司两个小组的人都争相要他，他选择了薪水比较高的那组，并跟人事说，一个月后可以来任职。人事告诉他，给他的任职期限最长20天，20天后他必须如约来到这家公司，并且提前三天告知对方，安排任职事宜，不然任职资格就会被取消。

其实朋友想延长任职时间的原因，是因为他还没从上家公司离职，他想在那家公司干完最后一个月，这样的话，他工作刚好满三年，根据那家公司的规章制度，他可以得到一笔丰厚的奖金。

他犹豫不决，一边是丰厚的奖金，只差最后一个月就可以拿到；而另一边是可遇不可求的职位，很有发展前途。

接下来的一个月里，他还是继续在原公司工作，也没提前打辞职报告。等到最后三天，他不得不去新公司报到的时候，才跟领导提出了辞职。

领导表示，他的奖金差一天都不能给他。他开始打感情牌，说能不能看在他平时敬业的分上发给他。领导说不能开了先例，朋友突然翻脸大骂，说公司不够人性化，别人拼死拼活干这么久，要离开了一点情面都不给。领导脸上青一阵红一阵，生气地骂道："你赶紧滚蛋。"

朋友马上联系那家录取他的公司，但因为他没有提前三天告知人事，人事视他自动放弃了任职资格，排除了他的名额。

朋友"婆婆妈妈"的性格，让他赔了夫人又折兵。

其实呀，无论是感情还是工作，都要学会审时度势，不要顾虑太多，与其在那儿左思右想，不如抓住眼前的机会，把自己认为最重要的事情做好。只有这样，才不会后悔莫及。

幸福递减定律：知足才能常乐

世界上最大的幸福不是你拥有多少钱，也不是你住多大的房子、开多贵的车子，而是你要懂得知足常乐。懂得知足的人，才能过得快乐幸福。

不懂得知足，哪怕拥有再多也不会觉得快乐。

好朋友的同事就是一个典型的活在"痛苦"里的人，因为她有一颗"贪得无厌"的心，那颗心好像永远都填不满，永远都得不到满足。

她生活得不比别人差，有车有房，虽然欠了一些房款，但每个月跟丈夫的工资也足以还房贷，小日子过得也算得上惬意。

但她眼光不在于此，天天抱怨自己的老公没别人的老公赚钱多，数落他是"窝囊废"。她说以后要养孩子，还要还债，老公也不拼命赚钱，只知道替别人打死工。看看别人，做点小生意，轻轻松松就把钱赚到手了。

她总是会无止境地拿自己老公和别人家的做对比，若是听见谁家老公一个月赚的钱比她老公要多，他都会回来先指责自己的老公一番。

数落别人是需要自己有真本事的，但她自己赚的还没她老公一半多，她老公和现在同龄的年轻人比也不差，晋升空间也大。

而且她老公对她很好，每天下班回来后都会主动包揽家务。她老公的工作量要比她大得多，也累得多，但无论多累，每次回家都会把饭菜弄好，等着她一起吃。

即便是这样，她依旧不给老公好脸色。说实在的，她老公也不欠她什么，如果她不懂得理解别人，只是一味地用自己的思想去控制别人，那她最后的结果是不会好的，只会离幸福越来越远。

活在这个年代，谁没有点欠款呢？但只要两个人齐心协力，总是能渡过眼前难关的。最主要的是要懂得珍惜眼前的幸福，不要动不动就给对方施压，这样不但会毁掉两个人的幸福，还会让一个家庭支离破碎。如果能看到对方一丁点的好，她就不会让别人和自己都处于两难的境地。

退一万步讲，不懂得知足的人，即便给她再多，她也不会满足的。例如我说的那位好朋友的同事，即便他们很顺利地还完房贷，她想要索取的肯定还会更多，也绝不会仅限于眼前了。

世界上本没有十全十美的人和事，你的快乐全取决于你有一颗知足的心。

什么是幸福？幸福自然是珍惜你所把握的一切，不让贪念来腐蚀你的内心。

有这样一个小故事：有一条小狗问它妈妈幸福是什么，它妈妈告诉它，幸福就是它身上的小尾巴尖。小狗为了能得到幸福，每天都在不停地追着自己的尾巴尖咬来咬去，但怎么都咬不到。

小狗很沮丧，对它妈妈说，它无论怎么努力，都得不到幸福。它妈妈笑着回复它说："傻孩子，只要你抬头向前看，幸福就会一直跟着你的。"

我们一直渴望幸福，渴望得到更多，殊不知幸福就在你眼前，只是你一直都没有留意到。你那些拥有的幸福都被自己忽略掉了，于是开始抱怨，开始指责，让原本拥有的幸福都变得不幸了。

知足才能常乐，关于这一点，有个人就做得很好，他是另一个故事里的一位牧羊人。这个故事虽然颇具神话色彩，但启发意义却很现实。

有一个小天使去送信，路上不小心睡着了，她醒来后发现翅膀被人偷走了。没有了翅膀，她就不能继续赶路；没有了翅膀，她的能力比普通人更渺小。

小天使又冷又饿，幸好得到了牧羊人的救助。牧羊人得知小天使的情况后，先给了她吃的，然后又用羊毛给她织了一对翅膀。

几天之后，小天使来报答她的恩人了，问恩人想要什么。

牧羊人说："那就再加 100 只羊吧。"

羊增加了，牧羊人的工作量也同时增加了。于是他又找到天使，请求她把多出来的羊变没，给他变个大屋子出来。大屋子变出来之后，他又觉得很难打理，最后他请求给他一匹马。但有了马之后他又没了方向，四海太大，不知道去哪里。最后他索性把马也还了回去，什么都不要了。

天使纳闷了，人的贪欲那么大，为什么牧羊人却什么都不想要呢？于是天使问他："人都有那么多愿望，为何你却没有呢？"

牧羊人说："当愿望变成现实之后，我发现我根本不需要它们。不需要的东西就会变成累赘、变成负担，没有任何意义。"

天使觉得既然他什么都不想要，那就送他世界上最难求的东西吧，那就是美好的性格。但牧羊人依然婉言拒绝了，他说他早就有了这种可贵的性格，那便是知足。

可见知足对一个人来说有多么重要。你一生的幸福与快乐，全部都系在这两个字上。有了知足，你就有了一切；不懂知足，再多的财富也不会让你感到幸福。

有人月薪三万依旧过得不快乐，有人月薪六千却依然可以笑着过每一天，这就是知足与否的差别。

幸福不是你拥有多少，而是你能感恩多少。懂得知足，懂得感恩的生活，才能让你收获更多的快乐。

所以，我们要做一个知足常乐的人，笑着面对生活中的一切。

罗伯特定理：消极是自己最大的敌人

挫败自己的是什么？能打倒自己的是什么？不是外在因素，而是自己，是自己的信心。一个人可以什么都没有，唯独不能没有信心，没有信心，也就意味着建立好的一切都会崩塌。

很多时候，我们不是被敌人吓退的，而是被自己吓跑的，只要自己不倒下，就没人可以打倒你。

付尧是个年轻的小伙子，有一天他去一家比较知名的公司应聘，那家公司其实没有刊登过招募人才的广告，但他还是很顺利地见到了该公司的经理。

经理表示不解，说出了自己的疑惑。付尧说他原本也没准备来这里应聘，只是在一个很巧合的情况下路过这里。

因为以前没有过这样的情况，经理打算让他试一试。付尧面试的结果很糟糕，显然是因为他没有做准备。很多人有可能会因为一次的失败就放弃了，但一周之后，付尧再次走进了这家公司，面试他的依旧是上次那个经理。

他这次的表现比起上一次要好很多，不过可惜的是，他依旧没有通过面试。经理也没有太过为难他，给他的答复还跟之前一样，让他准备好了再来。

"准备好了再来"只不过是经理的一句客套话，也许有人不会当真，已经失败了两次，一般人见到这家公司可能都要绕着走了。可付尧没有放弃，他在第四次踏进那家公司的时候，终于被顺利录取，并且还成为了公司的重点培养对象。

付尧之所以成功，是因为他没有放弃。即便连续两次战败，也没有挫伤他的信心。如果信心瓦解，他也就不会出现在那家公司，最后成为一名骨干了。

在生活中也是一样，跌倒有什么可怕的，那只不过是暂时的。只要在失败之后还能勇敢地站起来，你就是一个胜利者。

我认识一个朋友，他创业了三次，全部以失败告终，损失了不少金钱不说，家人对他的信心也全都"凋零"了。好在他自己不气馁，重整旗鼓，再次奔波在市面上，借完最后一分钱，拼尽最后一丝力气，终于在第四次创业的时候看到了阳光。

只要自己不倒下去，生活是没有办法把你按倒的。即便按倒了，只要你有站起来的勇气，生活就奈何不了你。

很多时候，我们觉得自己不能成功，是因为对自己没有足够的信心。如果信心够强大，你就不会失败得那么彻底。

就拿自考来说，我有一位朋友因为家庭的原因而年少辍学了，他在成年之后懂得了学习的重要性，想通过自考来提升自己的能力。

他一开始听别人说自考很难，甚至比全日制考试更苛刻，担心自己不行。犹犹豫豫不知道要不要开始考试，思想斗争了一个月之后，他还是决定参加考试。他这样告诉自己：自己都没试过的事情，怎么知道不行呢？只有真正拼尽了全力，才能知道自己行不行。

除了工作之外，他开始利用每天空余的时间来学习，遇到不懂的就听网络课程，记重点，做习题。

开始报考时，他一下子报了四门课程，但很不幸，只通过了一科。他很沮丧，开始看不下去书，开始颓废。另一位朋友得知后，开始安慰他，告诉他没什么大不了的，重来一次就行了，只要不放弃，考试永远在那里等着他去通过。这次不行，就多下点工夫，下次再考。于是他更卖命地学习。果不其然，在第二次考试的时候，他之前没过的三科，全部一次性通过了。

如果他当时因此放弃的话，之前的努力白费了不说，他也会在自己的成长史里记录下这失败的一笔，以后无论做什么事情，都会想起之前做的事，会认为自己不行。

面对失败最好的办法就是直视它、无畏它，然后解决它。

如果因为一两次的失败就放弃，那就不会成就当今如此之多的成功人士。哪个走向成功的人，没有经历过失败和挫折呢？

当初朱元璋建立明朝，一统天下，不也经受过诸多挑战吗？他要经历与那么多强大敌人的厮杀和奋战，也要承受战斗中失败所带来的痛苦。

一个强大的人的厉害之处在于挫败之后依然能潇洒地站起来，笑着给磨难一巴掌。

如果以消极的心态去对待困苦磨难，是注定成就不了任何事情的。有些人随便遇到一点小风小浪，就骂骂咧咧哭丧着一张苦瓜脸，一副再也振作不起来的样子，可哪有十全十美的人生？磕磕碰碰才是真的人生。

其实仔细想想，我们在某些时候，面对的一些磨难根本算不得什么。因为我们有重来的机会，你可以去想想那些因为外在因素失去手脚的年轻人，如果他们不鼓起勇气，如果他们消极，他们的余生该怎么办呢？

有梦想就去追，梦想破灭了也没关系，你可以站起来继续去追。生命本来就是追逐的过程，只要还活着，一切都会有希望。

一件事情，它有两面因素，你要学会看它好的一面，也就是积极的一面，不要看它消极的一面。

曾经有一个国王，夜里做了一个梦，梦见山倒、水枯、花谢。他大惊，连忙叫来王后给他解梦。

王后对他说："看来是国要灭亡了，形势很不好。山倒了，水枯了，花也谢了，这不是要'亡国'的信号吗？"

国王听了之后，吓出病来，而且病得越来越严重。

后来一位大臣来觐见国王，见国王闷闷不乐，便问国王发生了什么事，国王便把自己忧心的事告诉了大臣。国王以为大臣听了以后会发表跟王后一样的言论，岂知大臣并没有凝重之意，反而大笑了起来，并恭祝国王，这是一件大喜事。

国王问："喜从何来？"

大臣回复："山倒了，指从此天下太平；水枯了，指真龙要现身了；花谢了，意味着可以见到果子了呀！国王，您才是真龙天子啊！"

国王听后，心情大悦，不久之后病就痊愈了。

这个故事就代表着消极与积极的两面性，王后代表消极的一面，而大臣代表积极的一面。遇到事情，自然要保持乐观，不要一味地悲观，任何事情都有回旋的余地，就看自己怎么去处置了。

你的一生，是要积极的一生，不是要消极的一生。积极，会给你带来更多的正能量；消极，只会一点一点挫败你的信心。

史华兹论断："幸"与"不幸"，全在自己

坏事到底有多坏？这全看你自己怎么下定论。你认为一件事不好，那它就必然坏到了极点；如果你觉得它还有转圜的余地，能把它重新挽救过来，那它就会变成一件好事。说到底，还得看自己的心态，心态好，你就会把不好的事情扭转过来。

人生不如意事十之八九，前行的路也不可能像一条笔直的线那样顺畅，总会遇见一些"倒霉"的事情、坏的事情。只不过有些人能看淡不好的事情，能把不好的事情调换一下角度去思考，不受挫折的打击，能继续昂首向前，而有些人则只能继续在原地再也不想起来罢了。

世界上虽然没有那么多的快乐，但也没有那么多的痛苦，因为每个人的自我调节能力是不一样的。

我看过这样一个故事：有一个小伙子小时候得了重病，因为家境贫困，医治不及时，导致膝盖变得僵硬，不能正常行走。

这个小伙子不但要承受身体上的痛苦，还要忍受精神上的折磨。每次看到别的孩子蹦蹦跳跳地在一起玩耍，他的内心就羡慕不已，同样也痛恨老天对他的残忍。他觉得自己是世界上最倒霉、

最不幸的人，厄运全部降临在了他的头上。

他闷闷不乐的时候会跟父母说，不如让他死了算了，他留在这个世界上也没有任何价值，还成了家里的拖油瓶，也许一生都要靠父母养活。

母亲听后虽然很心痛，但还是很耐心地宽慰他，告诉他"上帝虽然关了一扇门，但一定会帮你开启另外一扇窗"。老天是公平的，给了你好看的皮囊，或许就不会给你惊人的才华；给了你动人的歌声，或许就会在别的方面削弱你的能力……所以世界上没有十全十美的人，你在某方面发光，就会在某方面不足；你擅长一个领域，在另外一个领域就不会十分出色。有长处必然就会有短处，人生没有十全十美，也必定不会有一无是处的人，只要耐心发掘，每个人都有可取的那一面。

这些话让他茅塞顿开，他的心里也开始充满阳光，不再像以前那样紧闭心扉，把自己关在自己的世界里。

他每次都会告诉自己，上帝夺走了他的腿，就会在其他方面补偿他，他也一定会成为一个有用的人。于是他收起了悲伤，不再整日为自己的"残缺"而自卑，一心向前，努力学习，后来他考取了维也纳大学医学院。这个人就是诺贝尔医学奖的获得者罗伯特·巴雷尼。

巴雷尼是幸运的还是不幸的？当然，就身体上的创伤而言，他或许是不幸的，但他能自我调整为积极向上，那他就是幸运的。

如果他自甘堕落，受不了突如其来的打击，即便他有很多潜在的优秀细胞，也会被他的消极情绪扼杀在摇篮里，不会成就一个那么伟大的他。

任何事情，有不好的一面，就一定会有好的一面，这也应了心理学中的那句话："能从坏中看好，就会别有洞天。"

我有位朋友大学毕业之后选择去了北京，他刚去北京的时候比较落魄，没有太多的存款，身上带的钱不超过四位数，除了要找房子和工作外，还要解决温饱问题。

他投了简历之后，去了一家还算理想的公司。因为是新人，他处处受人排挤和打压，心里很憋屈，处处不得志，生活上不如意，工作上也不如意。

他无数次质疑自己当初选择来北京是错的，他不应该来这里活受罪。一千万种声音在内心响起，也许留在老家会好过得多。

不过后来他又反过来想，没有压力就没有动力，在大城市里受罪，总比在小城市里安逸要好得多，毕竟这里竞争激烈，也就代表机会多，而自己成长的机会也要多得多。

转念一想后，那种闷闷不乐的情绪很快就被他给压下去了，随之而来的是年轻人那股敢拼敢闯的劲儿。

正因为他把每次苦难都当成是对自己的磨炼，所以他比同龄人要成长得更快、进步得更快，没过两年，他就在公司站稳了脚跟，从一个普通的员工升到了部门经理的位子。

很多事情，如果你能看得开、看得透，它反而能从别的方面成就你。任何事情只有抱着乐观的心态去面对，才能让那件看上去很"糟糕"的事情变得好起来。

大家还记得波音客机空难事件吧？

美国的波音公司和欧洲的空中客车公司两大巨头，为了争夺全日航空公司的一桩大生意打得不可开交，谁都不甘示弱，都想要抢到这笔生意，但这两家公司的实力相当，不分上下，让人很难选择。

而正是在那个时候，发生了一件对美国波音公司致命的事情：两个月内，全球连续发生了三次波音客机遇难事件。这对波音公司来说，无疑是重重的一击。多数人都觉得这次波音公司肯定是没戏了，这次生意的胜利者一定是空中客车公司。

可真正的强者是不会轻易被击败的，波音公司的董事长威尔逊站出来，号召公司员工团结一致，采取紧急措施，跨过这次的大难关。他针对此次事件做了三件事情：

（1）扩大了自己的优惠条件，答应为全日航空公司提供财务和配件供应方面的便利；

（2）在飞机的基础上提出了新建议；

（3）主动提供了价值 5 亿美元的订单。

威尔逊的这种做法，赢得了全日航空公司的好感，自然这次合作的机会非波音公司莫属了。

幸还是不幸，全看自己的想法和做法。你想让它幸运，它就一定会幸运起来；你想让它不幸，它就一定不会主动变得幸运起来。所以，事情不会有绝对的坏，成功的人之所以成功，是因为他们对坏的事情有扭转乾坤的能力。

酸葡萄甜柠檬定律：只要你想，总有理由快乐

这个定律是怎么来的呢？说来颇有趣味，我们先来说说酸葡萄吧。

一只饥饿的狐狸经过葡萄园，发现又大又甜的葡萄一串串地

挂在架子上，就想摘来饱食一番。但无论它怎么跳跃，怎么努力，都摘不到葡萄。它最后只得放弃，临走前说了这么一句："葡萄没长熟呢，还是酸溜溜的。"然后就开心地离开了。其实它依旧还是饿着肚子的，但经过自己的心理暗示后，它从沮丧重新变得快乐起来。

再来说说与酸葡萄相对应的甜柠檬。

甜柠檬就好比你买了一件衣服，衣服买贵了不说，还与你的气质有点不搭配，但你跟别人解释时，你就会强调它的好，说它是眼下最时髦的款式。

其实说到这个定律，就让我很自然地想起了一个朋友，因为她就是那种很能给自己心理安慰的人。

比如她要上某个课程，交了一大笔钱，但又因为诸多因素没能去上课，她心里暗暗懊恼的同时又会马上开导自己，可能听了那个课程也不会学到太多的东西，再说省下的时间还能做更多的事情。

比如好不容易买到某位歌星的演唱会门票，她却因为临时紧急加班去不了了，就会叹一秒钟的气，然后告诉自己，现在可以多磨炼专业技能，多赚点钱，以后再买票的时候可以买个好的位置。

……

关于这样的例子不在少数，你很少会看到她因为一些遗憾的事情而懊恼很久，每次问及她为什么如此想得开时，她总是会回答，她是如花少女，不想因为烦恼的事情而迅速变丑。

虽然她这么说是玩笑话，但也足看出她乐观的心态，哪来那么多的倒霉事啊，只要想得开，你总会找到快乐的理由。

除了生活中的这些小事情外，朋友对待其他的事情也是一样。印象比较深的是她失恋的那一次。

她跟她男朋友交往了两年，感情好得没话说，而且是她先追求她男朋友的。按道理来说，都是男生追求女生，但朋友说男女平等，不管男生也好，女生也罢，看对了眼就必须先主动表白，不然就会错过了。

恋爱期间，她对男友特别好，说一不二，虽然年纪比她男朋友小，但却很会照顾人。别人都说，她对她男朋友的好，都快赶上他的妈妈了。

她在她男朋友身上的投入，远比她男朋友对她投入的多得多，但即便是这样，她男朋友还是毫无征兆地出轨了。

男朋友平静地跟她说分手，感谢她这么长时间的照顾，他们缘尽于此，希望她以后能够幸福。他简短的三言两语，就把一个女生对他那么浓情的爱与付出全部都否决、抹杀掉了。换作是其他人，可能会一哭二闹三上吊，骂他没有良心。但朋友连眼泪都没掉一滴，收拾好东西后，就从他们以前一起住的房子里搬了出来，一副若无其事的样子。

别人表示不解，不是爱得那么深沉吗？掏心掏肺地对待一个人却换来这样的结局，不应该伤心吗？

我也问过她，她说不是不伤心，也不是铁石心肠，只是知道落泪也无济于事，并不能挽救她已经残缺的爱情，还不如看开点，说不定更好的、更优秀的、更爱她的还在前面等她。

是啊，与其一直沉浸于悲伤之中，还不如像朋友那样洒脱点，往前看，虽然初始很难也很痛，但长时间"催眠"自己，告诉自己错过这个才能拥有更好的幸福，也就不会再那么难过了。

烦恼都是自找的，你怎么看待快乐的本质，它就会怎么快乐。

如果你找一份工作，接二连三地碰壁，不断遭受挫折，你要告诉自己"失败是成功之母"，不断磨炼，不断进步，吸取教训，在磨炼中成长，往后不愁找不到更好的工作。

如果你因为某件事情而失落难过，那不妨换个角度去想一想，也许老天会从其他方面给予你补偿。

我经常听别人说人生苦短，人生是短，但并不苦，因为很多苦都是你自己认为的苦。苦是多，但快乐一样多，如果你看不到快乐，只能说明你没有把它好好地开发出来。

同样的一件事情，有的人看不开，有的人看得开，看得开的人往往要比看不开的人快乐很多。

拿乐观的事例来说，美国前总统罗斯福就是一个心态非常好的人。有次他家进了贼，被偷了许多名贵的东西。他的友人闻讯后连忙写信安慰他，让他想开点。其实罗斯福根本就没有友人想得那般脆弱，这点从他的回信上就可以看出。

罗斯福在给友人的回信中说他一切安好，切勿牵挂。小偷虽然偷走了他的东西，但并没有伤及他的性命，从这一点来说，就已经很好了。

罗斯福正是因为心态好，才能减轻他心里面的痛苦。若是换作别人，估计该呼天抢地，心情很久都不能平复了。

什么是快乐呢？定义很宽广。

流浪汉或许会因为别人施舍他几块钱而开心很久；小摊贩或许会因为多卖了一点东西而感到满足；火车误点的人会因为火车故障延长了时间而开心得手舞足蹈……

这些都是细小的快乐，所以说处处都会有快乐的根源所在。

你若愿意快乐，痛苦怎么会忍心靠你太近呢？

我记得以前认识的一位阿姨，她家里的情况很不乐观，跟前夫离婚后，她自己独自带着 5 岁的儿子一起生活。法院明明判定前夫每个月必须及时交付一定的抚养费给她，但都被她前夫装疯卖傻般地给糊弄过去了，一毛钱都没给，别让她无可奈何。

阿姨的家里也帮不上她任何忙，她只能靠自己一个人拉扯着孩子。虽然家里很清贫，但从她家里的布置来看，一点都没有感觉到她对生活的绝望。破旧的桌子被她擦得一点灰尘都没有，屋子里虽然朴素，但却足够整洁。

她也从来不向其他人抱怨自己的苦楚，她白天去上班，下班后去幼儿园接儿子一起回家，一路上抱着儿子有说有笑的，完全看不出单身妈妈的苦。

对她来说，疲惫了一天之后，儿子的笑容就是她最大的快乐。那些苦，跟儿子比起来，都是微不足道的。

所以在快乐与痛苦面前，不管痛苦有多痛，如果你的眼睛所看到的都是快乐，那快乐就一定会靠近你；如果你看到的只是痛苦，那么痛苦就会被你放大化。

既然人生很短，那么不如快乐着过，这样才对得起这短暂的一生。即便快乐要靠自己去挖掘，也总比不去挖掘的好。

第二章

成功的秘密

　　成功的人很多，失败的人也很多，世界是同样的世界，那就是人的差异了，我喜欢这样来解读。坦白地说，就算是整个世界都出了问题，你也是无能为力的，那么不如调整自己，让自己更靠谱点。

　　成功有大有小，一个人在路上追逐，不断优秀就好。

瓦拉赫效应：长处，要发挥得淋漓尽致

以前上学的时候，班主任老师总是语重心长地给我们灌输着"其实所有同学的智商都是差不多的，大家努努力，都可以取得好成绩"，最开始，我傻傻地相信了，甚至有点惶恐。这么说，班上成绩名列前茅的我，要是不够努力，就会掉队，就会成为差生了？

但后来却发觉这句话越来越不对劲了。实际上，班上成绩拔尖的基本上总是那么几个人，他们牢牢地把持住了前几名的位置。我曾经有个同桌，是个很质朴的女生，学习特别刻苦，课间休息的时候也总是见缝插针地看书做题，向老师请教也是孜孜不倦，错题本都有一大摞。但她的成绩却从来都在中下游，没有过明显地提升。你要说她学习方法不对，也不是，就像曾经和我同桌的文艺委员向我吐露的："我爸妈总想让我好好读书考出好成绩，但我知道我压根不是这块料。我就喜欢跳舞，想以后做个舞蹈演员。"

高一下学期考试结束后分文理班，一个成绩名列前三甲的男生因物理成绩出众，便选择了读理科，而我则果断地选择了文科。就在高二上学期快过半的时候，那个男生却出人意料地转到了我们班来。面对我惊诧的目光，他说道："虽然我的数理化学得都不错，但在理科班待着却总是有一种莫名的失落感，没有那么快乐。后来我渐渐明白了，其实我最想学的是地理这门学科，这也是我从小的爱好。"他的父母是老师，家里有不少关于地理类的书籍和杂志，他对它们有着浓厚的兴趣。起初在父母的建议下，他选择了理科，但最终才意识到应该遵从自己的内心，于是他选择转到文科，学他最热爱的地理。高考填志愿时他也毫不犹豫地填报了地理专业，最终被顺利录取，大学毕业后成为了一名地理老师。

我想很多人都会有类似的感触，每个人的智能发展其实是不均衡的，会有各自的强项和弱项，不能一概而论。而如何寻找到自身智能的最佳点，让天赋潜能得到充分的发挥，从而取得惊人的成就，有一个著名的心理学效应叫作"瓦拉赫效应"。

1847年3月27日，奥托·瓦拉赫出生于德国柯尼斯堡的一个律师家庭。虽然父母定下的规矩很多，家教非常严苛，但对他的学习深造一向是很支持的，只是瓦拉赫的成才过程十分曲折，也极富传奇色彩。

1867年，瓦拉赫20岁的时候，从波茨坦大学预科学校毕业，进入格丁根大学学习，听从父母的安排选择学习文学。不过，一个学期下来，老师给他的评语却是："非常用功，但却过分拘泥，即便有着完美的品德，也不可能在文学上得到发挥。"也就是说，老师认为读文学并不适合他。于是，他改学了油画。但是他既对构图的技巧一窍不通，也不懂得调色，可以说没什么艺术理解力，强行学习自己不擅长的学科，结果只能是班上成绩倒数第一。这一次，学校的评语是"你是绘画艺术方面的不可造就之才"，让人更加难以接受。

绝大多数老师对"笨拙"到如此地步的瓦拉赫纷纷摇头，认为其成才基本无望。而当时的化学老师韦勒却不这么认为，反而欣赏瓦拉赫做事一丝不苟的品格，说他是个做化学实验的好苗子，于是向瓦拉赫的父母建议让他试学一下化学。无奈之下，父母便同意了。

让人意想不到的是，自从学习化学之后，瓦拉赫的智慧灵光仿佛被"噌"地点燃了，变得一发不可收拾。瓦拉赫这个在文学艺术方面"不可造就"的庸才，却在化学的天地里如鱼得水，频频有不凡的创见和发明，受到老师的高度赞赏和学界的普遍认可，成为化学领域"前程远大的高才生"。

1869 年，他在许布纳的指导下进行有机化学的研究，凭借论文《甲苯同系物的位置异构现象》顺利获得化学博士学位。一年后，在波恩大学担任德国著名化学家凯库勒的助手，负责化学实验室，并长期在高校从事化学科研和教学工作，取得了大量研究成果，直到 1915 年退休。

针对萜稀的研究，瓦拉赫发表了 100 多篇学术论文。1909 年，《萜和樟脑》一书面世，享誉化学界。1895 年至 1905 年期间，他首次实现香料的人工合成，为脂环族化合物的研究做出了突出贡献，于 1910 年被授予诺贝尔化学奖，成为化学领域的巨擘。

成名之后，瓦拉赫的故事被广泛传播，人们便将那些拥有大智若愚的特殊才能者被伯乐慧眼识珠，得到正确发掘后展现出卓越的天赋，最终取得辉煌成就这一现象，命名为"瓦拉赫效应"。

这充分说明，学校在培养学生的过程中因材施教的重要性。就像世界上从来没有两片完全相同的树叶一样，我们一生下来就注定有着不同的特性，存在不同的潜能。有的人是智商超群，学习成绩优秀，而有的人擅长写作，有的人喜欢绘画，有的人热爱音乐，有的人擅长舞蹈，也有的人是体育健将，不一而足。关键在于，老师和父母能不能发现每个孩子身上的闪光点，并进行合适的引导，为他们的长处得到淋漓尽致的发挥而添砖加瓦。

"每个人的身上都蕴藏着一份特殊的才能，那份才能犹如一个沉睡的巨人，等待着我们去唤醒他……"成功学专家罗宾的话，也激励着我们去发掘自身在某一方面的独有潜能，去让它得到极致的发挥，从而改变我们的人生，实现我们的梦想，让"瓦拉赫效应"在这个世界不断地生根发芽。

木桶定律：懂得关注短板

在企业管理方面，有一个非常著名的"木桶定律"，也被称作"木板效应""木板定律"，是由美国知名管理学家彼得·劳伦斯提出来的，大学的工商管理类专业课程都会学到这一定律。

木桶定律的精髓在于：一只由多块木板箍成的水桶，代表其价值的是盛水量的多少，但决定水桶盛水量多少的关键，并不在于最长的那一块木板，而是最短的木板。因为一只水桶盛满水的充分必要条件，必须是构成水桶的每一块木板同样平整而且没有破损，只要有任何一块木板不与其他木板同等高度，或者某块木块出现了破洞，就会导致水桶无法盛满水。

也就是说，一只水桶的高度无论是多少，其盛水的高度都是由最低的那块木板所决定的。最短的木板，限制了木桶的盛水量，形成了"短板效应"。如果要让木桶的盛水量增加，就需要把短板换掉，或是将其加长到与其他木板相同的高度。

从核心内容出发，它还有两个推论：一是，只有当组成水桶的木板都足够高，或者说具有相同的高度时（现实中水桶的设计基本上都是如此），水桶才能装满水；二是，只要其中一块木板与其他木板的高度不一样，水桶里的水就永远无法装满。

对"短板效应"的描述，木桶定律是一个极为巧妙和别致的形象化比喻，彼得借用这个定律来说明一个组织中的管理问题。木桶定律体现在组织中，就意味着组织的各个构成部分是参差不齐的，有优有劣，往往是劣势的部分会决定整个组织的水平，产生不可忽视的影响，必须引起组织的重视。

木桶定律自提出以后，在生产和管理实践中被应用得越来越频繁，应用场合与范围也更加广泛，早已从一个单纯的比喻上升到理论的高度。实际上，它体现了哲学中整体和部分的辩证关系，揭示整体与部分之间的对立统一。这只由很多块木板箍成的水桶，可以象征一个企业、一个部门、一个团队，也可以象征某个员工个体，"水桶"的最大容量就是企业、部门、团队、个人的整体实力或竞争力。

我们的身边，木桶定律的案例比比皆是。在经济社会中，无论是组织还是个人，意识到自身的短板，查漏补缺，不断完善，甚至变劣势为优势，是非常重要的。在一个组织中，我们不能成为人人厌弃的毁坏一锅汤的"老鼠屎"，而是应当成为人人尊敬的照亮一大片的"一盏灯"；对个人而言，需要看清影响自己成长和发展的劣势，勤于补"短"，提升实力，会让人生之路走得更加顺畅。

很多现代企业都想成为一个结实耐用、容量足够大的"木桶"，这就得从各个方面提高所有目标的长度，也就是提高管理团队和所有员工的平均业务水平。一旦让每一块"木板"（如组织架构中的各部门）都维持"足够高"的高度，团队精神和集体意识就会得到更充分的展现，从而企业更有凝聚力，所有员工众志成城，拧成一股绳。

在激烈的社会竞争和市场竞争中，越来越多的企业管理者开始意识到员工整体能力水平的重要性。一个项目团队也是如此，如果客户对任务完成质量要求很高，而其团队中一个成员很弱的话，就会给整个团队拖后腿，影响到预期目标的达成。若要提高每一个员工的竞争力，发挥他们在工作中的能动性和潜在力量，对员工进行业务培训、管理培训、心理培训、职业规划培训等是很好的方式。

如今，很多知名企业都非常重视对员工的培训，并将其当作一项实实在在且有意义的工作来抓，请专业的培训机构来给员工上课或进行户外拓展，都是比较热门的方式。员工培训的意义，正在于通过培训来增加一个个"木桶"的容量，增强企业的总体实力，让企业在激烈的竞争中屹立不倒。

我们每个人也是如此，读书的时候，学校教育我们要德智体美劳全面发展，工作了也得学会多项技能，只有这样，才能在职场中做到游刃有余。如果发展不均衡，对学习和工作产生掣肘，就得找出短板所在，将短板的高度提高。所以，身边经常会有不少朋友在工作之余去报各种培训班，学习新的知识，实际上正是因为在那些方面他们本身存在着不足，或者说是劣势，需要得到弥补。比如一项工作需要摄影摄像的基本技能，而你若是不会，就很可能会被别人替代，或者不利于工作任务的完成，怎么解决呢，那就是学习如何掌握它。

懂得关注"短板",注重提升"短板"的高度,才能更好地避开成事的暗礁,让实力变得更强大,目标变得更易实现。

相关定律:不固执,事物皆有关联

我们所处的这个世界,有最高级的灵长动物人类,有各种各样的动物,有千奇百怪的植物,有嶙嶙高山,有莽莽草原,有江河湖海,有大漠黄沙,有风霜雨雪,有阴晴圆缺……可谓大千世界,无所不包,无所不有。

然而所有的这一切,没有一样是孤立存在的,都会与其他事物存在关联,交叉纵横,因果循环。云和雨之间有着不可割裂的联系,所以才有"积云成雨"这个词语;"水涨船高""水能载舟,亦能覆舟",体现的是水和船之间的关系;"猫捉老鼠",说明猫是老鼠与生俱来的天敌。

美国亚利桑那州北部的凯巴伯森林中,曾经有 4000 头鹿生活在那里。同时,鹿的天敌——狼也时而在森林中出没。当时,著名的罗斯福总统想要保护那些美丽的鹿,于是便下令将林中的狼全部消灭掉。前后经过 25 年的不断猎杀,近 6000 只狼从此消失。由于没有了天敌的存在,鹿群得到了迅速且大量地繁殖,很快总数便超过了 10 万只,是原来的 25 倍还多。不久之后,原本生机勃勃的凯巴伯森林被如此多的鹿啃了个精光。渐渐地,鹿群没了充足的食物,遭遇了大饥荒,导致大量饿死和病死。到 1942 年,鹿的总数已经衰减到 8000 多只,而且普遍赢弱不堪,失去了曾经健壮的身躯和蓬勃的生命力。

世界本是一个彼此普遍联系着的统一整体，动物界也罢，植物界也罢，人类也罢，都存在着天然的生物链和食物链，相互作用，相互影响，不可割裂开来。一个问题的解决，也常常会对周遭的事物产生不同程度的影响。意大利数学家、物理学家、天文学家伽利略，将事物之间普遍存在的相互联系这一客观规律称为"相关定律"。

延伸开来，相关定律指的是人们在进行创造性思维，寻找最佳结论的时候，受到其他事物已知特性的启发，找到相似和相关的东西，从而与自己正在寻求的思维结论相联系，两相结合，达到"以此释彼"解决问题的目的。这告诉我们，若要解决某一难题，目光不要仅仅局限在困难点上，而是要进行发散思维，从其他相关的地方入手，寻找突破口。

对相关定律的运用，通常需要具备较强的联想能力。在世界物理学史料中，记载了许许多多伟大科学家探索和发现物理学奥秘的故事，他们无一不具有丰富的联想力。当年，牛顿站在自家花园中的苹果树下，看到苹果从枝叶上掉落下来，砸在了地上，头脑飞快运转，首先发问自己：苹果为什么是落到地上，而不是飞到天上去呢？通过观察，他发现所有的苹果在熟透了之后都会落回到地面上，无一例外，并且这与苹果树的高度没有任何关系。紧接着，他又看到高挂在天边的月亮，想到哪怕苹果长在月亮那么高的地方，也还是会掉落到地面上。

可是，为什么月亮不会像苹果那样掉到地上呢？接下来，他想到如果站在山顶上，将炮弹发射出去的话，炮弹将会沿着曲线轨道最终落回地面。发射的速度越大，炮弹将落得越远。一旦达到足够快的速度，炮弹将会围绕地球旋转，永远不落回到地面上。然后，他又想到，以足够大的速度围绕地球旋转的炮弹其实挺像月亮的，然而与月亮不一样的是，炮弹不会飞离地球。通过不断思考，不断探索，牛顿发现了地球与所有被包裹在内的事物之间存在着一种相互作用的力，最终形成了"万有引力"的思想。从"苹果落地"中诞生的"万有引力定律"，成为牛顿为人类科学做出的重大贡献。

同样的，伽利略在观察吊灯时发现了摆的等时性，阿基米德在洗澡时领悟到浮力的作用，瓦特看到水壶盖被顶起而发明蒸汽机……科学家们往往都是从一个很小的现象着手，见微而知著，得出影响科学史的重大结论，从而光耀史册。

日常生活中，相关定律处处存在，应用可谓非常广泛。面对工作，我们时常会遇到一些比较棘手的难题，思来想去也找不到好的法子来解决，但又不能任它丢在那里，阻碍工作的进展。这时，我们可以稍微转变下思维，从相关的一些问题入手，抽丝剥茧，理清思路，说不定问题很容易就迎刃而解了。对相关定律的运用，不仅能帮助我们解决实际问题，也会令我们受益终身。

遇事不固执，看清事物之间的关联性，顺着藤儿去摸瓜，让难题得到顺利解决，"相关定律"的用处大着呢！

墨菲定律：成功一定伴随着失败

1949 年，美国爱德华兹空军基地的一个上尉工程师，与他的上司斯塔普少校一起参加了空军举行的 MX981 火箭减速超重实验，以测定人类对加速度的承受极限。其中一个实验项目需要将 16 个火箭加速度计悬空装置在受试者的上方，本来将加速度计固定在支架上可以有两种方式，但出人意料的是，竟有人毫无反应地把 16 个加速度计全都装错了位置，并且完全没有意识到出错了。

当时这位上尉工程师观看了整个过程，并由此做出了一个著名的论断：假如有两种或两种以上的方法都可以完成某项工作，而其中一种方法将会导致事故的发生，那么一定会有人采取该种方法。因为该工程师名叫爱德华·墨菲（Edward A.Murphy），所以这一论断被命名为"墨菲定律"（Murphy's Law），也叫墨菲定理，成为与"帕金森定理""彼得原理"相并列的 20 世纪西方文化三大发现之一，西方世界的常用俚语，重要的心理学效应。

在墨菲定律诞生的 20 世纪中叶，正值第二次世界大战的战后恢复时期，以美国为代表的西方国家经济飞速发展，科技日新月异，文明不断进步，人类真正成为了世界的主宰。这是一个处处弥漫着乐观主义精神的时代，生物学、遗传学和医学的发展让人类进一步取得了战胜自然、疾病等的胜利，发射火箭，升上太空，都成为科技史上的里程碑事件。这些伟大的成就让我们觉得，我们已经能够随心所欲地改造世界的面貌了，仿佛所有的挑战和困难都可以找到解决的办法。

尽管没有什么能阻挡人类前进的步伐，但墨菲定律却旗帜鲜明地指出来：凡是可能出错的事情，会有很大概率真的发生错误。这就像是概率论中一个硬币的两面，掷出正面的概率和掷出背面的概率都是 1/2，只要发生的概率大于 0，就不能够排除它发生的可能性。

概括起来，墨菲定律主要包括四个方面的含义：

（1）面对一件事情，要想到它可能并没有表面上看起来的那么简单；

（2）所有的事情，如果去完成它，都会比你预计的时间要长；

（3）只要存在出错的可能性，那么这件事情就总是会出错的；

（4）一旦担心某种状况会发生，这种状况就会更有可能发生。

当然，墨菲定律的成立必须遵循以下条件：

（1）事件发生的概率大于 0；

（2）有足够大的样本，如人数足够多、时间足够长等。

墨菲定律可应用于受到概率影响的所有事件，它告诉我们，在可能性存在的情况下，事情往往会向不好的方向发展，"喊狼来了的次数多了，终究会遇到狼""祸不单行"，讲的就是这个道理。生活中，很多时候都会发现怕什么来什么的情况，比如赶着要打的去参加一个重要会议时，结果好巧不巧，出租车要么是有客，要么就不搭理你；若是坐上车，也很可能路上堵车导致迟到。当你平常不需要打的时，大街上反而随处可见空车经过。

这样的例子还有很多，可以说，墨菲定律揭示出了一种独特的社会及自然现象，适用性相当广泛。但它并不是强调一种人为错误的概率性定理，而是说明发生事件偶然中的必然性。半个多世纪以来，墨菲定律曾搅得人们心神不宁。2003 年的美国"哥伦比亚"号航天飞机失事事件和 2014 年马航失联事件，都是墨菲定律的体现。2014 年，美国电影《星际穿越》也多次提到墨菲定律，并且得到验证。"会出错的，终究会出错"，成为对"墨菲定律"最恰当的阐述。

　　根据墨菲定律，一件事情看似好与坏的发生概率相同的时候，往往会朝着坏的方向发展。内容并不复杂，道理也并不深奥，然而这并非是让我们从此必须悲观地面对即将发生的事情，因为容易犯错是人类与生俱来的天性，难以避免。我们需要有敬畏之心，不能妄自尊大。同时，我们也无须害怕墨菲定律，而应当坦然面对犯错误的可能性，凡事考虑得更细致、周到、全面一些，尽可能减少不必要的失误，防患于未然。

　　人人都希望获得成功，但在到达成功的彼岸之前，我们很可能会经历无数次的失败，正如"错误"也是这个世界的一部分，每一次失败都可以看作是墨菲定律的体现。面对失败，我们不能从此沮丧气馁，相反，失败其实是成功的基石，是成功之母，蕴含着成功的火花。学着接受失败，认清错误，不断从中汲取经验教训，才能更好地走向成功。

　　要知道，没有谁能随随便便成功，墨菲定律的存在，正是为了让我们正确地认识到所要经历的失败，学会总结和反思，注重危机管理和风险控制，及时纠错，只有这样做，成功才会离我们越来越近。

基利定理：成功是失败的质变

　　让我们先来看三则有关成功和失败之间关系的故事。

　　故事一：奥城良治。

　　某天，一个叫奥城良治的日本小孩在田埂间玩耍时，无意中发现了一只瞪着眼睛的青蛙。他玩心顿起，便淘气地向那只青蛙的眼睑撒了一泡尿过去。本以为青蛙会有所反应，没想到青蛙的眼睑不但没有闭住，反而一直圆鼓鼓地瞪着他。如此情状，让他感到惊诧无比，久久不能忘怀青蛙大睁着的那双眼睛，也从此在他心里留下了深刻的印象。

长大以后，奥城良治成为了一名汽车推销员。每当遭到客户的拒绝时，他总是会不自觉地想起儿时田埂间那只被尿浇也不闭眼的青蛙。久而久之，他想到了采用"青蛙法则"来对待工作中那些拒绝他的客户，将一次又一次的拒绝当作撒在青蛙眼睑上的尿，让自己学会逆来顺受、泰然处之，从来不感到惊慌失措和难堪。后来，奥城良治连续16年荣登日本汽车销售冠军的宝座，获得了巨大的成功。

故事二：杰克·韦尔奇。

20世纪60年代中期，美国通用电气公司一位叫杰克·韦尔奇的年轻工程师独立负责了一项新塑料的研究工作。当他踌躇满志，准备大显身手的时候，实验研究设备却突然爆炸，厂房中高达3000多万美元的财产瞬间化为了乌有。不幸来得太过突然，在爆炸后一片狼藉的事故现场，杰克·韦尔奇精神崩溃，沮丧不已。

他以为自己在通用公司的职业生涯会从此画上终止符，于是便忐忑不安地接受了通用总部派来调查事故的高级官员的谈话，等待着决定自己命运的那一刻。出人意料，调查官员向他问的第一句话却是："你认为，公司从这场事故中有没有得到什么？"短暂的讶异之后，他回答道："我觉得这个实验不可行。"调查官员便说："有收获就好，最怕的是什么经验教训都没得到。"

于是，一场惊天动地的"重大事故"就这样有惊无险地过去了。

从那以后，杰克·韦尔奇坦然面对失败，不停发奋进取，成功带领通用公司实现了长达 20 年的业绩高速增长，被誉为"世界第一 CEO"。

故事三：英特尔公司。

在英特尔公司成立初期，原本想研发的产品并没有取得成功，不过可喜的是发展出了相关的技术。整个公司的文化以鼓励尝试冒险、允许经历失败著称，并一直贯穿公司的发展历程始终。1975 年，公司的 64K 元组电子耦合存储器开发小组推出了一种可以上市的存储器产品，但由于种种原因，存储器的功能受到了一些限制，最后只能搁浅。

然而公司认为，英特尔作为高科技企业，开发新产品时难免会出现失误的情况，这都是非常正常的。他们相信所有付出的心血终究不会白费，还可以将部分研究成果应用到微处理器与只读存储器的研发上来，这也算是"失之东隅，收之桑榆"了。可以说，不看轻"常败将军"是英特尔公司最为难得的一点，正是这样的企业文化，铸就了英特尔的成功与强大。

以上三个故事都说明了一个道理：成功是失败的质变。人人都想要干出一番辉煌的业绩，但却必须正确认识成功路上将面临的一次次失败，拥有坦然面对的积极态度，把每一次失败都当作是成功的奠基。如果因为一时的失败就气馁消沉，从此落荒而逃，那将会与成功永远无缘。

希冀成功，就得容忍失败，这是我们可以学习并加以运用的正能量，这便是著名的"基利定理"。因为该定理是由美国多布林咨询公司集团总经理拉里·基利提出的，所以便以基利命名。它告诫我们，成功者之所以成功，正是因为他不被失败所左右。

一个成功的企业，应当是不讳言失败的，就像滑雪、溜冰一样，摔倒了照样可以爬起来。在科学技术突飞猛进、市场竞争日趋激烈的今天，企业应当把失败当成一个学习的过程，创造容忍失败的环境氛围，用积极正面的态度激励员工的创新精神，鼓舞员工勇于挑战，战胜困难，产生奔涌不息的创造活力。唯有如此，企业才能在市场中活得更好、更久远。

蘑菇定律：新人，都需要一段"沉默"时光

单位新来了两个姑娘小丽和小娟，都是刚从某大学毕业的，被安排在行政部，做起了行政助理工作，日常各种跑腿打杂。小丽为人活泼开朗，做事也认真主动，是那种不挑活又勤快的人。虽然做的事情很杂，又没什么技术含量，但小丽从来不挑三拣四，总是把工作做得有条有理，经常受到领导的表扬，最后顺利地通过了试用期。而小娟则要精明和懒惰一些，私下里不时抱怨着自己一个大学生经常干杂活，太大材小用了。还喜欢做轻松一点的事，麻烦的事总是推给小丽干。上司一批评起来就满是委屈，说自己不受重视，工资也低。不久后，小娟工作上出了一个比较大的差错，上司就借故辞退了小娟。那天，上司只淡淡地说了一句话："作为职场新人，你需要知道什么叫蘑菇定律，懂得放低姿态，磨炼自己，才能让你未来的路更加顺畅。"

当我们刚踏入社会，开始在职场上打拼时，因为是新人，免不了会做最一线的工作，待遇低，干的活又多又辛苦，打杂跑腿

不在话下，也容易得不到重视，甚至会受到各种无端的批评和指责，遭受无数的委屈，得不到指导和提拔，只能处在阴暗的角落里默默努力，等待阳光照耀的那一刻。人的成长必须经历的这个过程，像极了蘑菇的生长过程，因此有一个形象的称呼，叫作"蘑菇定律"。

"蘑菇定律"又叫"萌发定律"，最初是由 20 世纪 70 年代国外一批年轻的电脑程序员提出来的。那时，电脑行业方兴未艾，程序研发是一项前无古人的全新职业，大大超出了人们的想象，难以被理解和重视，也受到了来自其他行业的质疑，认为从事程序研发工作的人工作不够认真。在这样的环境下，年轻的电脑程序员们就用蘑菇精神来鼓舞自己，努力像蘑菇一样生活。因为蘑菇自出生以来就生长在阴暗的角落里，得不到阳光的照射，也没有养料的滋润，在风吹雨打中自生自灭。直到长得足够高、足够壮的时候，人们终究发现了它，惊讶于它的风姿。此时此刻，它也已经能够独自沐浴在阳光雨露中了。

电脑程序员们以蘑菇自比，虽然充满了自嘲的意味，但却是向现实世界的不妥协和挑战。他们对自己所从事的工作充满信心，相信终有一天会像蘑菇一样出人头地，获得鲜花和掌声，创造出辉煌的成就。事实也证明了电脑程序员在现代社会中所起的作用，他们为繁荣的互联网行业添砖加瓦，不但是高薪的代名词，也是不可忽视的力量。

我们每个人在成长过程中都会经历很多苦难与荆棘，如果不想忍受生活的平庸，就必须要有良好的心态，具备坚强的意志，不断战胜苦难，拨开拦路的荆棘，让自己突出重围，从而拥抱成功，走向卓越。蘑菇精神，实际上是我们行走在人生道路上应当拥有的可贵品质。

对职场中初出茅庐的新人来说，蘑菇定律是许多企业考察和锻炼新人的一种方式。让新人做基础性的工作，"吃杂粮干杂活做杂人"，从最不起眼的事情做起，经受不被重视、不被认可的种种考验，这也便于企业从中发现人才和培养人才。所以说，每个新人都需要一段蘑菇般的"沉默"时光。这段沉默时光，将是职场新人人生中最难忘的一堂课。前面故事中的小丽，便是蘑菇精神的代表。

人人都希望自己的职场生涯春风得意、如鱼得水，也都渴求受到老板的赏识与重用，希望自己有朝一日能够飞黄腾达。天上不会掉馅饼，也不会有人白白送给你这一切，要想得到这些，只能靠自己的勤奋和坚持。"蘑菇经历"是事业上最为痛苦的磨砺之一，会对职场新人价值的体现起到非常重要的作用。它是破茧成蝶之前必须经历的一步，通过磨炼，我们在工作方面的专业知识和技能、为人处世的能力、战胜挫折的信念能够得到更好的提升，为将来职业生涯的腾飞铺垫好牢固的基石。

成功的花儿，人们只惊羡它现时的明艳，然而当初它的芽儿却浸透了奋斗的热血。从这个意义上来说，"蘑菇经历"是我们人生中的一笔宝贵财富，每一个新人都应当珍惜那一段"沉默"着的时光。

自信心定律：自信的威力

如果明天你将要参加一场重要的演讲比赛，虽然准备得比较充分，但心里还是忍不住会怀疑自己："我真的可以吗？"这时，我们最需要受到的鼓励往往是"自信"二字。

何为自信？就是要对自己有信心，相信自己可以做到、做好，这是对自身能力与特点的肯定。戴高乐将军曾经说过："眼睛所看到的地方就是你会到达的地方。伟人之所以伟大，是因为他们决心要做出伟大的事。"自信，是人生成功的第一秘诀，具有强大无比的威力。

杰克·韦尔奇是美国通用电气公司的前董事长，有着"世界第一CEO"之称的他出生于一个典型的中产阶级家庭。父亲的工作总是早出晚归，与母亲结婚16年后才有了他这个独子，教育孩子的重担也自然而然地落到了母亲的肩上。和其他独生子女的父母不一样的是，杰克·韦尔奇的母亲是一位非常有权威性的母亲，从一开始就训练他的独立性，不断提升他的能力和意志，常常通过正面而有建设性的意见促使他振作。她以独有的积极、豪迈、坚决，教给杰克·韦尔奇三门非常重要的功课：坦率沟通、面对现实和主宰自己的命运。而这也成为韦尔奇一直抱持的人生理念，并被他在日后的管理生涯中淋漓尽致地发挥了出来。

树立自信，是掌握自己人生命运的第一步。杰克·韦尔奇到成年了还有些口吃，但他的母亲并不认为这是什么缺陷，反而鼓励他口吃只不过是想的比说的快些罢了，无须为此感到苦恼。实际上，韦尔奇的人生发展并没有因为略带口吃的毛病而受到阻碍，反而让注意到他这个弱点的人大多对他产生了某种敬意。他浑身散发出来的力量和工作时的高效率，包括美国全国广播公司新闻部的总裁迈克尔在内都对他钦佩不已。

他的中学成绩本可以让他进入美国最好的大学，但却因某些原因而事与愿违，最终进入了一所较小的州立大学——麻州大学。最开始他为没能选择麻省理工学院而感到很是沮丧，但进了大学之后，这种沮丧就变成了"宁做鸡头，不做凤尾"的庆幸。在麻州大学，母亲的支持、运动、大学、获得学位，都给了他很多的自信，让他成为了学校里最顶尖的学生。他在麻州大学的班主任认为，韦尔奇充满自信的双眼、对失败的痛恨、在足球场上的奋争，都预示了他将来一定会取得成功。

事实证明，杰克·韦尔奇的自信让他的人生如虎添翼。1981年，他成为通用电气历史上最年轻的 CEO，"自信"也恰如其分地成为公司的核心价值观，所有的管理都围绕"自信"展开。在他的带领下，通用电气备受推崇，一直被公认为是管理最优秀的公司之一。"自信"，是一个神奇的座右铭，一旦信之不疑，便将开花结果。这也是自信的威力所在。

美国橄榄球联合会前主席 D. 杜根曾经提出过一个说法，所谓强者，不一定会成为胜利者，但胜利却迟早都会属于有信心的人。心理学上把这称为"杜根定律"，也即"自信心定律"。信心决定成败，相信自己，对事业充满自信，是获得成功必不可少的前提条件。

一个人在完成一件事情的时候，往往是 15% 取决于智力，而另外的 85% 则取决于态度，也就是自信心。就像英国前首相撒切尔夫人永远只坐第一排一样，如果你从来只接受最好的，只要你有足够的自信，那么最终你将会得偿所愿。

自信是对自我的肯定，是对自我的鼓励，也是一种强化，一种坚信自己能够取得成功的情绪素养，赋予我们不畏艰险、勇于拼搏的勇气和力量。怀有信念的人，遇事不退缩，坚定有担当，哪怕偶尔的不安也会得到顺利化解。自信让人积极乐观，充满活力，凡事全力以赴，爆发出惊人的小宇宙，最终成为伟大的胜利者。

我们的内心都住着一个沉睡的巨人，它的名字叫作"自信"。自信心来源于我们的内心深处，具有帮助我们不断超越自己的强大力量，让我们工作起来更出色。如果你渴望成功，就请记得欣赏自己、尊重自己，点亮心中的那盏自信明灯。

青蛙法则：未雨绸缪，生存关键

19 世纪末，美国康奈尔大学的师生们做了一个非常有趣的试验。他们先是将一只活蹦乱跳的青蛙放到一个热气蒸腾的器皿中，当青蛙接触到器皿中的沸水时，立马触电一般地从器皿中跳了出来，侥幸死里逃生。

接下来，实验者又将这只刚刚受到惊吓的青蛙丢到一个满是凉水的器皿里，青蛙瞬间觉得异常舒服，并在器皿中自由自在地游动起来。这时实验者开始慢慢地用小火给器皿加热，并控制在每天将温度升高一摄氏度的状态。虽然器皿中的水温在渐渐升高，但青蛙却无知无觉，始终没有想要跳出器皿。最后，水温升到了 90℃，这时青蛙几乎已经被煮熟了，然而它却没有感知到生命的消逝，也从没主动从器皿中跳出来，而是遭遇了活活被煮死的命运。

"蛙未死于沸水而灭顶于温水"的结局，是一个耳熟能详又耐人寻味的故事。如果器皿中的青蛙能够时刻保持像对沸水那样的警觉性，在水温刚升高时就果断跳出来，也能避免被煮死的不幸，可惜它没有。这也让人想起古代先哲孟子的那句："生于忧患，死于安乐。"古今中外很多鲜活的例子，无不证明了"青蛙法则"的正确性。

青蛙法则启示人们，面对挫折要"逆来顺受，耐心面对"，但其实它的背后有更深层次的涵义，它揭示了挫折才是人生的常态，顺利只是人生的意外。所以，学会未雨绸缪，是吃透职场的生存关键所在。

不过，要想未雨绸缪，却常常是说起来容易做起来难。懒惰是人类的天性，很多人都容易安于现状，喜欢做一天和尚撞一天钟的日子，浑浑噩噩不思进取，不到迫不得已是不会想到要去改变现有生活轨迹的，尤其是这样的生活能够让他们感到满足时更是如此。然而，这就像是温水煮青蛙，当一个企业、一个部门、一位管理者、一个员工失去了必要的外在刺激，失去了进取的动力，始终处于安逸的环境中而察觉不到危机的存在，那就会犹如一潭死水，失去了生机、活力和斗志。等到危机真正到来时，早已经来不及，只能眼睁睁地看着大厦倾覆，人生易辙。而这将会是很可怕的。

　　移动互联网时代的我们，身处快节奏而又不断变化着的职场中，必须要懂得未雨绸缪的重要性，这并非是杞人忧天之举，而是时代要求我们应当具备的危机意识。要知道，有危才有机，危机并不代表一定会灭亡，而恰恰可能是一种转变的契机。经历过危机的淬炼，我们往往更能发现自己的价值所在，找到事业的正确方向，让深藏于心的巨大能量得到喷发，让自己具有更强的竞争力。

　　要明白的是，人生是一个不断学习、不断革新、不断进取的过程，"物竞天择，适者生存"是自然界的铁则，只有强者才能在职场更成功，否则将难以避免被淘汰的命运。以前的经历再光辉，都会成为过去，这并不能让我们在职场中永远稳操胜券，所以千万不要有一劳永逸的期待，时刻保持危机意识，才是职场人应有的素养。

　　请告诉自己，跑得快一些，更快一些。不要惧怕人生中的那些艰难险阻，时刻保持清醒的头脑、成熟的心智、明确的目标、顽强的毅力，"精诚所至，金石为开"，就没有什么可以真正打倒你。那些历经挫折却能勇敢站起来，努力走出困境的人，一定是深谙青蛙法则的。收获成功的那一刻，他们的脸上也一定会露出浅浅的从容的微笑。

　　懂得居安思危，始终未雨绸缪，才能让我们的职场永远精彩，不是吗？

鲁恩尼定律：不骄不躁，才能长久

春秋时期，一天，孔子带着一众弟子前去祭拜鲁桓公的宗庙。宗庙里，孔子看到里面放着一个可以用来装水但又是倾斜形状的容器，就向守庙人寻求解惑。守庙人告之，此物名为欹器，类似于"座右铭"，是用来伴座的器具，专门放置在座位的右边，以作警诫自身之用。孔子听后，便对学生说："听说此容器因本身是倾斜的，若没有装水或装水很少的时候就会歪倒在地；当水装得不多不少刚刚好时，就会呈端端正正的状态；但水若装得过多甚至装满了时，容器也会翻倒。"

当他说完后，便转头让其中一个弟子用容器装水进行试验，果不其然，水一旦装得过多、过满，容器就会翻倒；水流尽之后，容器变空也会倾倒；只有当水量装适中时，容器才会立得安安稳稳。见此，孔子长长地喟叹了一声："这个容器装水的示例，说明世界上哪会有太满而不会倾覆的事物啊！"弟子们也深以为然。

气怕盛，心怕满，"太过"与"不及"均不是正确的做事方法。满招损，谦受益，不骄不躁，才能长久。奥地利经济学家 R.H. 鲁恩尼针对此总结出了"鲁恩尼定律"：我们在赛跑时最终赢的不一定是跑得快的那个，打架时输的也不一定是弱的那个。笑到最后的，往往才是真正的赢家。

人生是一场马拉松，而不是百米冲刺。大学毕业后，我们进入了不同的单位谋职，有的考上公务员进了政府部门，有的去了学校、医院等事业单位，有的进入大型央企、国企，也有的进入了外企、民企，起点不一样，发展有差异，但一时发展得快、发展得好的那个同学，未必就是十年二十年后最出色的同学。

职业生涯道路上，气盛容易凌人，心满也会导致止步不前。真正成功的人，都是虚怀若谷、谦恭自守的人。如果一个人成功的时候，还能够头脑清醒，保持不骄不躁的状态，那么他将获得更大的成功，让成功的持续时间更长更久。

企业之间的竞争也是如此，它是一项长距离的赛跑，暂时的领先并不能保证长期的胜利，阴沟里翻船的事情没少发生，消失的巨头也是一个又一个。曾经辉煌一时的摩托罗拉、诺基亚、柯达，都是例证。同理，短暂的落后也并不代表会一直落后下去，如果你能知耻而后勇，不停追赶，终会有取得成功的那一天。

20 世纪初期，美国通用汽车公司与福特汽车公司展开的汽车行业主导权的较量也为我们提供了一个鲁恩尼定律的绝佳范本。亨利·福特曾经创造并引领了汽车行业的辉煌，但随着美国经济的繁荣发展和分期付款购物方式的出现，福特沉浸在了自己过去的创造之中，没有预见到整个行业发生的变化，止步于只制造一种类型的汽车，导致优势变成劣势。迟钝的反应让福特公司渐渐失去了优势，被竞争对手通用汽车逐渐甩在了身后。相比福特汽车，通用虽然是后起之秀，但总裁斯隆却看到了人们对汽车需求的改变，认为产品多样化、消费分层化将是未来汽车行业发展的方向，于是顺势而为，制定了"满足各类钱袋、各种要求"的汽车新战略，为不同经济状况的消费者提供了不同档次和价位的汽车产品，进而后发制人，快速抢道领跑。虽然亨利·福特的短视并没有让企业走向覆灭，通过及时的战略调整让公司继续存活至今，但很多曾经志得意满的企业家却没有这么幸运，成为了被拍死在沙滩上的"前浪"。

鲁恩尼定律告诫我们，在成功之初，我们就应保持一颗平常心。不骄不躁，不狂妄自大，这是一种自省，也会成为日后长久生存的幸运果实。每一次的成功，都可以将之看作是新的开始，要想始终荣光，就不要坐在过去的冠冕之上生活，否则就会得不偿失。

无论你天资如何，无论你多优秀，或是有多少缺陷，都要明白，决定输赢的并不是这些，而是能否始终清醒而客观地认识自己，能否始终做到戒骄戒躁。不到最后一刻，不要轻易判定输赢，你需拼尽全力去争取。唯其如此，方得长久。

链状效应：时常微笑，运气不会太差

"近朱者赤，近墨者黑"，是我们常常听到的一句俗话，它很是形象地说明了客观环境容易对人造成极大的影响，心理学上将之称为"链状效应"，用来形容人在成长中彼此之间的互相影响以及环境对人造成的影响。

我们在中学时都学过"孟母三迁"的故事，每每提及也都耳熟能详。自古以来，人们都很重视选择所居住的环境，主张"居必择乡，游必就士"，以此择善人而交，择善行而从。孟子是战国时期著名的思想家、教育家，曾经很系统地向孔子的门人学习学问，是历史上的一代大儒。他 3 岁的时候就失去了父亲，与母亲相依为命。孟母在抚养他长大的同时，也非常重视对孟子的教育，一心想把贪玩的孟子培养成很有学问的人。

孟家一开始离一块墓地很近，以至于小孟子经常会看到出殡、送葬的人群来来往往，不是吹打，就是哭啼，淘气的小孟子便经常与小伙伴们一起模仿那些送葬的人。孟母知道后很生气，为了小孟子能好好读书，将来有出息，就把家搬到了城里。本以为这下小孟子会安心读书了，哪知道新家附近是闹市区，每天声音嘈杂得让小孟子根本没办法静下心来读书，反而和新伙伴们模仿起那些卖货、杀猪、打铁的小贩来。这下孟母更生气了，不得已，只好再次搬家。他们这次的新家，是在学宫隔壁。因为学宫是读书人的圣地，有很多人都在那里学习知识和演练礼仪，小孟子从此受到了读书声的感染，每日在家专心致志地读书，并逐渐模仿起宫中的礼仪来。不久之后，孟母将小孟子送进学宫，让小孟子耳濡目染在琅琅书声之中，为日后成为一代圣贤奠定了坚实的基础。

"望子成龙，望女成凤"是每一位父母的夙愿，为了让子女拥有一个良好的教育环境，孟母煞费苦心地三次择邻，正是说明了周遭环境对人的巨大影响。既然链状效应这么强烈，那么，我们身处职场中，如何面对身边形形色色的人呢？老板、上司、同事、下属、客户、合作伙伴，你通常是以一种什么样的状态去面对呢？

按照链状效应的理论，环境影响人，也造就人。那么，如果你始终以积极的心态，微笑地面对工作，面对所遇到的所有繁杂之事，面对复杂的人际关系，就会形成正能量的传递，让人情不自禁地因你的微笑而心生好感，彼此之间的交流与沟通会变得如沐春风，工作的进展兴许也就在微笑传递中变得越来越顺畅了。

相反，如果你把负面情绪带到工作中来，见谁都唉声叹气，或一遇到难题就推脱责任，或暴躁易怒，看谁都不顺眼，或动不动就控制不住情绪与人发生口角，或背地里嚼舌根搬弄是非，或心思叵测算计于人，很容易想象，这样的工作状态肯定会引起不好的后果，遭致周围人的反感，处处与人结怨，最后受罪的只能是自己。

"投之以桃，报之以李。"你以什么样的态度去面对这个世界，去面对你所处的职场，这个世界和你置身的职场就会以什么样的面目来"回赠"于你。人和人最大的差别，并非外在的美丑或高矮胖瘦，而是为人处世的心态差异。乐观者会在困境中看到机遇，从而把握住；悲观者会在不顺中看到阻碍，从而让良机白白流失。

自信，才是你独一无二最富魅力的武器。用自信的微笑去面对生活中的每一天，面对职场的纷纷扰扰，无论怎样的困难，终将找到化解之方。拿破仑曾经对微笑的力量有过一个精辟的总结：真诚的微笑，犹如一个神奇的按钮，能立刻与他人友善的感情相连通，因为它预示着你在告诉对方，你喜欢他，你愿意做他的朋友。同时也暗示着，你认为他也是喜欢你的。

一个善于微笑的人，世界也会回以微笑。因为没有人会拒绝与一个时常微笑的人交往，即便不能成为真正的朋友，但交往的过程也会让人感到身心愉快。他人会从你微笑的神情举止中受到感染，自然而然地传达善意与真诚，在链状效应下形成一种强大的正能量磁场，芬芳散播。

赠人以"微笑"的玫瑰，手亦会有余香。善待自己，时常微笑，友爱他人，认真生活，你的运气一定不会太差！

第三章

管理中的艺术

唯有人心难以调配，唯有管理者的苦笑可以被接受。

你挥一挥手臂，别人就要用尽全力，想想的确不错，但这种艺术并非是外在的张牙舞爪，而是内心溢出的丰富黏住了对你不屑的人，然后换作崇拜的眼神给你，从此，你可以走在前面了。

德尼摩定律："知人"，然后"善任"

德尼摩定律：知人善任。其实也就是能看到对方擅长什么，不擅长什么。每个人都有他的可取之处，都有他合适的位置。

在企业中，尤其是作为一个企业领导者，要知道自己的员工的长处，把他安排在适合的岗位上，这样才能更大程度地发挥他的才能，为自己所用，为公司所用。

还记得这样一个故事，关于汽车大王福特的。

享誉世界的汽车大王福特之所以成功，跟他的慧眼识才脱离不了干系，他很会用人，并且能根据他们的优点，让他们的作用发挥到最大。

他们公司有一个负责产品营销的广告设计师佩尔蒂埃，这个人在营销方面很有天赋，他也很希望自己能一展身手。这一点被福特发现了，他让佩尔蒂埃负责 T 型汽车的营销策划案。佩尔蒂埃没有辜负福特的期望，他的营销策划取得了巨大的成功。

福特公司另外一个员工埃姆，他除了技术能力非常出色之外，还很会调兵遣将，但因为常年不受赏识，他也因此郁郁寡欢。福特发现他这一才能后，立马提拔了他，给予重用，他也因此有了很大的发挥空间。

埃姆走马上任之后，马上发挥了自己的长处，把那些早就在心里很赏识的人调集到一起，采购员、检验员，拔尖的他都开始善用。很快这些人都为福特公司创造了巨大的业绩。

这里还有一个值得一说的人，他叫库兹恩斯，是福特汽车的销售员。这个人的优点和缺点都很突出。先说缺点，虚荣、自私，性格粗鲁；但优点呢，同样也很多，他很聪明，也很能干，尤其善于交际，在汽车行业有着很丰富的阅历。

只可惜库兹恩斯的旧主顾只看到了他的缺点，没看到他的优点，没有把他的长处发挥出来。好在福特那双"毒辣"的眼睛发现了他的可圈可点之处，对他委以重任。受到重用的库兹恩斯在福特公司更加卖力了。他以自己独特的销售秘诀，使公司在各地建立了多个经销点，使公司的业绩提高了很多百分点。

显而易见，福特的成功，正是因为他懂得利用人才，知道该把他们安放在哪个位置，才能让他们"八仙过海，各显神通"，为他们自己创造价值，也为公司创造价值。

作为领导者，必须要非常清楚自己员工的习性，知道他们的优点在哪里，怎么去更好地安置他们。

相信很多人都看过汉朝开国皇帝刘邦的故事，刘邦虽然出身卑微，还有些无赖的顽疾在身上，但他却有一个非常大的优点，那就是他很懂得用人之术。他身边聚集各路人才，有战必胜攻必取的韩信，有忠义之士樊哙与纪信，有智计百出、能谋善断的张良，有运筹帷幄、决胜千里的萧何。这些人，他用得都极好，在用人方面，他最大的优点就是用人不疑，疑人不用。这也是他最终走向成功的原因。

一个好的领导，发掘几个重要人才，远比自己单打独斗要好得多。当然，在选人用人的同时，也需要具备刘邦那个优点：用人不疑，疑人不用。在慧眼识人的同时，你发现一个人才，懂得他的长处，你用他就要给予他足够的信任，给予他尊重，并适时地给予奖励，让大家觉得你是一个合格的领导，并让这些将才们能够"死心塌地"地跟着你。

人才难觅，现如今很多企业都深知这一点。如何挖掘有用的人才？如果你有过面试的经历，那就不难发现，每张应聘的表上都会有特长那一栏，那一处地方，其实就是企业让应聘者写下自己的特长之处，好让企业在第一时间锁定"目标"，知道该应聘者擅长什么。

在这一点上，A 公司就做得比较好，他们不光在应聘表上设置特长那一栏，他们还会让自己的员工尽可能地申报他们自己的特长，以免出现遗漏的现象。他们会尽最大的能力做到"人尽其才，才尽其用"。

我认识一家公司的老板，他的公司规模不大，只有十几个人，但这些人却各有所能，每个人都有自己的长处所在。这个老板也正是看到了大家的长处，把他们放在不同的岗位，让他们发挥不同的作用。

正因如此，他在短短两年的时间，业绩要远超同行的百分之三十，而且别家公司的员工与设备要比他齐全得多。在企业中，"多"无用，最主要的是"精"，正是因为他独具慧眼，才成就了公司的强大。

一个会剑术的人，他的骑术可能不那么好，一个擅长骑术的人，他对刀术又不是很精通，一个满腹经纶的人却不擅长用兵之道……每个人的优缺点都大不相同，但相同的是，每个人都必然有自己的特长之处。所以在用人之时，必然是要扬长避短的。

放眼望去，纵观古今中外，成功的企业都会有一帮为企业贡献知识与才学的人才。企业离不开人才，人才即财富，只有拥有了人才，才能拥有享之不尽的财富。像古代，拥有了人才，才能成就一个朝代；也像企业，拥有了人才，才能拥有屹立不倒的商业帝国。

参与定律：参与感带来支持

参与定律，也就是企业里的大事小情，不应该只有领导层才有讲话权，公司里的任何员工都可以参与进来，与领导一起进行决策。有员工的积极参与，会让公司的进步更加飞跃。

但现实生活中，有不少企业都是由高层进行决策，中低层对于某件重大事情的来龙去脉一概不知，更没有任何决策的资格与权利。殊不知，员工才是企业战略的关键所在。

美国一大学教授，曾经针对员工参与企业发展做过一个实验，这项研究在美国一个物流公司的分支机构进行，公司所有的员工都参与了进来，81% 的人完成了该项实验。最后结论表明，员工参与组的战略远景更清晰，而没有参与的那组战略远景不明确。

该实验论证了员工一起参与决策和管理，才能对企业产生认同感，工作起来才会更卖力，企业才能更大程度地实现利润的最大化。

好在很多企业都渐渐地认识到员工参与决策的重要性，纷纷推出了各种各样的员工参与和管理模式。

美国通用公司，就是参与定律的受益者。通用公司是一家集团公司，新总裁杰克上任后，他一改从前的旧制度，因为他觉得公司里的管理人员虽然很多，但真正能领导的人却很少。而他觉得，跟领导相比，只有员工才最清楚自己的本职工作，所以领导不能干涉。于是他就实施了全员参与决策制度，让每一个人都参与进来，每个人都发表自己的意见，平常根本没有机会发表任何言论的员工和中层管理者都能出席此次研究探讨决策会。

正是杰克的那次决策会，有力地痛击了公司的官僚弊端，在很大意义上提升了公司的发展进程。在那次决策会之后，公司一直保持着这项制度，他们从一开始的萧条情况，到之后一直保持盈利的状态。由此可见员工参与决策的重要性。

企业在实施参与决策制度的同时，可以对提出合理建议的员工酌情进行奖励，这样员工的热情会更高，也会更真心地参与进来。

C公司是一家食品公司，一直业绩平平，在同行业中算是中下流层次。该公司新任总经理上任后，了解了一下公司以前的旧制度，并很快制定出了一套新制度。

他在某天召开了全员会议，会议上，他指出凡是以后对公司提出建议者：奖。大家一开始还没有醒过神来，因为以前从来没有类似的事情发生过，不过总经理的一番话重新把他们拉入到会议的主题中来。

他说为了公司良好的发展，企业的员工才是企业战略最核心的部分，所以他们的建议和决策也尤为重要，以后提出建议有发言权的人，不止是公司的高层，企业全员都可以参与进来，每人建议不少于20条，对于好的建议的提出者，会有丰厚的奖励。

说完后一阵掌声袭来，显然是员工们接受了这一项新制度，并且还保持着很高的热情，毕竟"重赏之下，必有勇夫"。

实施全员决策制度后，公司的利润渐长，比往年的营业额要高25%。董事长为了表示对总经理战略有方的鼓励，给了他丰厚的奖励。该公司总经理说，这是全公司员工的功劳，所以需要一并奖赏，就这样，公司里的每个员工几乎都得到了奖励。

公司要不断鼓励员工参与决策，集思广益，带动他们的热情，让他们更好地为公司服务。如若不然，也可以效仿西欧某些公司的做法，不一定要全员参与，部门可以派出代表来发表意见，最后直接呈递给执行者。

另外，对决策建议者除了一些"看得见"的奖励外，还可以对他们提出股份制奖励，以此来提高员工的满意度。

一个企业，员工才是真正的脉络所在，不要轻易觉得他们毫无用处，替公司做不了什么主，但若能多倾听他们的意见，并从他们的意见中筛选出好的建议，就会对公司有益。

D公司的老板David开了一家小规模公司，他有些傲睨一世，不太在乎别人的看法和建议，通常是自我决断。以前跟着他的一个经理，因为David完全听不进他的良言，总是一副自以为是的模样，最后撂挑子走人了。

后来一直没有人再给他提建议，因为提了他也不会听。后来公司一度濒临维持不下去的状态，他才悔悟也许别人说得是对的，不管有用没用，都应该听听别人的看法。

最后他重新振作了起来，一改从前的做派，凡是别人对他提出的建议，他都认真听取，从不敷衍。出计谋的人多了，路子自然也就广了，公司又重新运转了起来，并且形势也越来越好。

后来他明文规定，凡是本公司员工，每人每年建议超过一百条者，可以享受公司提供的一次免费国外旅游；凡是一百条建议里有十条被采纳的人，奖励现金 3 万元。

他的这种做法，让大家热情高涨，员工每天都有用不完的劲儿，用其中一个员工的话来说，就是夜里做梦，都在想着公司的事，公司哪里有需要改进的地方，或者公司与别人的合作还需要再补充细节或其他的，总之大家都是一心一意在为公司的事情着想。

David 最大的成功就是让员工参与到自己公司的事宜中来，而不是让他们只做一个拿着死工资的"冷漠者"，这样对员工和公司来说都是有好处的。

全员决策没有什么不好，可能有些高层会存在一些私心，觉得他们自己"高人一等"，当领导就应该拥有决策权，而一个普通员工也可以参与进来，这叫什么事呢？其实不然，领导们如果是这样想的，就应该放下私心，毕竟人多力量大，最主要的是员工们非常清楚自己的本职工作，由他们自己谏言会更好。

把公司做大做强，才是领导者的职责。要利用一切可以利用的机会，来做对公司有益的事情，这对大家而言都是双赢的。

雷尼尔效应：用"心"大于用"薪"

在工作中，并不是所有人都那么看重薪资，人文情怀和工作环境也是影响员工去留的重要因素，这也正是雷尼尔效应。

雷尼尔效应实验证明，在美国西雅图华盛顿大学，很多教授愿意接受学校低薪的聘请（低百分之二十），牺牲获取高薪的机会，继续留在华盛顿大学开开心心教学。这是为什么呢？不是所有人都会选择薪水更高的地方吗？后来调查得知，原来是因为教授们"贪图美色"，他们喜欢学校内的湖光山色的优美风景。如果能留下来，自然就可以享受这一切了。

企业中是不是也可以利用雷尼尔效应呢？当然可以。动人的风光可以留住教授，企业当然也可以用"动人的风光"来留住人才。不过要把这"动人的风光"改成良好的工作氛围，这里包括良好的人际关系以及良好的企业文化氛围。

企业里，老板的用心，更大于用薪。

威尔是一家文具用品连锁的总裁，他上任总裁后，将以前一些不成文的规定制度取消，把公司制度改成了如下：公司但凡加班的员工，按小时计算，有合理的奖金；不仅如此，公司做满一年的员工，有一周的带薪休假，并对能提出良好建议的员工给予鼓励；对生病的员工，安排上级领导亲自探望。

他的这一做法，赢得了公司上下的支持，他和公司的好名声也因此传播开来，为公司觅得了不少贤才。

公司的员工们知道，威尔总裁对他们的关心是发自内心的，对他们的关心也远大于对市场利益的追逐，所以他们愿意死心塌地地为公司卖命，离职率很小。

一家处处为员工着想，把员工摆在第一位的公司，它的业绩自然不会差到哪里去，因为它的人文情怀都摆在那里，是大家有目共睹的。这样的公司，也更让别的公司喜欢与之合作。

记得我曾经任职过的一家企业，董事长就是一位心系员工、心怀大爱的企业家。

按理说，如果一家公司规模大，人员多，难免会有人在背后嚼公司的舌根，说三道四。但在我们的企业里有200多名员工，几乎没有听见过一句抱怨公司的不是的，相反，都是在说公司的好话。而这一切都是因为公司的人文制度和公司良好的环境，加上董事长是一位人格魅力很强的人，他管理有方，没有任何纰漏。

先来说说人文关怀的那些事儿。

公司每个刚入职的员工，都有一次学习的机会，而学习的费用完全是公司承担，员工不需要支付任何额外费用；

公司不定期组织团建，让虽然见过面但从未交流过的同事近一步接触并了解彼此，增进友谊；

无论哪个员工家里出现重大困难，领导都会带头募捐，并亲自去员工家里探望；

公司会为主动加班的员工准备晚餐或宵夜，如果超过晚上 11 点，会报销回家的打车费。

……

再来说说公司的环境状况。

曾经有同事说不想回家，想直接睡在办公室里，可见公司有家一般温馨的办公环境。绿化做得非常好，每个员工的办公桌上都会有一盆绿色植物，公司配备的保洁阿姨将清洁工作做得很到位。说实话，哪怕经常待在公司加班也是乐意的。

综合以上，公司员工没有怨言，对董事长的作风为人、对公司的人文制度都非常敬重，很少出现迟到、不按时完成工作、顶撞上司等现象。

因为公司有"人情味"，员工自然舍不得对这样的公司痛下"狠手"，不替这样人情味十足的公司卖力，替谁卖力呢。

要想留住人心，企业自然是要先下点工夫的，多付出点情意；若想别人真心，就要先问自己的企业蕴含了多少真心。

当然，即便因为其他因素离职的同事，也会记得公司的种种关怀，对此念念不忘，说起曾经的公司，都会竖起大拇指。

一家企业只有做到温情管理，才能"细水长流"；没有温情管理，大多只能走向倒闭之路。

来讲一个故事。

一群鸬鹚跟着一位渔夫风里雨里数十载，立下了汗马功劳。因为年纪越来越大，鸬鹚的腿脚不再如往日般灵活，眼睛也变得昏花，最关键的是，捕鱼的数量也越来越少了。

后来这个渔夫又买了几只年轻的鸬鹚，加以训练，没多少时日，鸬鹚就跟着渔夫出海捕鱼了。

因为渔夫传授的本领强，加上小鸬鹚的领悟能力不错，小鸬鹚很快就帮渔夫捕到鱼了。

渔夫特别高兴，每天奖赏它们，好吃好喝地伺候着，小鸬鹚们眼见他们的大 Boss 对自己如此好，也决定以后自己要多多捕鱼，来回报它们的老板。

但是很快它们就改变了这种想法，因为它们受到优待的同时，那些已经年老的鸬鹚却被主人各种虐待，吃的住的都远比不上它们这些年轻的，因为长久吃不好，老鸬鹚饿得只剩下一张老皮了。那些因为饿得快活不下去的老鸬鹚，也直接被渔夫杀掉炖汤喝了。

看到这一切后，小鸬鹚们全体罢工。渔夫表示不解，他说："我平常对待你们不薄啊，好吃好喝地供着你们，还时不时地让你们休息个一天半天，你们怎么能如此忘恩负义呢？"

这个时候，其中一只小鸬鹚站出来发话了。它说："老板，你越是对我们好，我们就越害怕。虽然现在我们吃香的喝辣的，什么都不愁，但只要一想到自己老了的画面就惨不忍睹，那些老鸬鹚就是我们的下场，谁还敢再继续卖命工作呢？"

上面的故事，也代表着企业的老板一心只为自己的利益着想，不把员工放在第一位，没有温情，只有手段，员工感受不到温暖，自然也不会一心一意地为企业卖命。

若想员工脚踏实地，若想留住人才，企业的温情是必不可少的，只有用温暖暖住员工，员工才会真心效力。

酒与污水定律：减少"有害融入"

先说一个小故事：

一个老者在众人面前把一匙污水倒进一桶酒里，问众人："这是什么水？"大家异口同声道："污水。"他又把一匙酒倒进污水里，接着问："这是什么水？"大家依旧回答是污水。

这个故事正是酒与污水定律，其实也可以说成是"一粒老鼠屎搅坏一锅汤"。因为一点点的坏，腐蚀了其他的好，所以坏的东西必须一开始就清理掉，不要让它无限蔓延，把其他好的东西也全部给损坏掉。

尤其是在企业中，总会有那么几个"害群之马"，他们悄无声息地分布在人群中，散布谣言，搬弄是非，喜欢把场面搞得乌烟瘴气。这些人就像葡萄箱里发霉的葡萄，它们有着惊人的破坏能力，把自己身上的病菌一点点蔓延到其他身上，最后一起腐烂发霉。

你要知道一个正直能干的人进入一个部门中，他或许不会改变现有混乱的风气，但若是一个道德败坏的人，他很快就会把一个好的部门给拆散。

对于这样的人，必须及时清理掉，才不会给自己的企业带来更大的麻烦。

举例来说。

小李在一家贸易公司上班，小李所在的部门能人非常多，大家都很积极上进，很少看见员工消极的一面出现，大家都勤勤恳恳地在自己的岗位上各司其职。

但自从小李来了之后，就渐渐地发生了一些变化，例如，从不迟到的人开始迟到了，从不请假的人开始请假了，从不翘班的人开始翘班了。因为小李在无形中改变了他们的想法。

小李隔三岔五的迟到请假，每次工作多了就开始不停地抱怨，说公司的坏话。时间一长，不良的风气就在部门里蔓延开来了。要知道一个人学好难，学坏却很容易，大家也开始跟着发生了变化，变得懒散起来。

因为小李的加入，他们部门的业绩一落千丈，部门经理开始出来重整纲纪，找出源头后，二话不说就把小李开除了。

"害群之马"必须连根拔掉，如果不及时制止，很有可能会蔓延到整个公司，给公司带来严重的损失。而且企业里不乏两面三刀的小人，他们只要随便在底下煽下风点下火，整个公司就会一团糟。

无论是在企业里，还是在自己经营的生意中，"老鼠屎"的例子都不在少数。

小汤是一个烟酒供货商，因为为人忠厚，做人实诚，不少人光顾他的小店，照顾他的生意。但不到一年他的小店就被抄了，原因是他卖伪劣产品。这是什么情况呢？一向忠厚的小汤怎么会做出这种不道德的事情呢？

原因是不久前小汤认识了一个所谓的"兄弟"，这个兄弟隔三岔五就跟他套近乎，以此来博得小汤的注意，还说他有个挣钱的好法子，能让小汤挣钱快，不然像小汤这样发展下去，再等十年也赚不到什么钱，只能糊口罢了。

小汤也很好奇他有什么好法子，这个所谓的兄弟告诉他，可以售卖假烟假酒，浓度高，还不容易被人发觉，进货成本要比原来少很多，而且他手里就有现货……

这一番说辞把小汤说得动心了，同时也把小汤的小店给说没了，还背上了不诚实的名头。小汤确实赚了一些钱，很多人知道后也纷纷效仿，在销售伪劣产品的路上掀起了一阵龙卷风，不少人也因此"损兵折将"。

小汤这所谓的兄弟就是"害人精"，自己只要有分辨能力，就应该离这种人远远的，不能让这种人来祸害自己。

企业里的"害群之马"一经发现，就要立刻开除，生意上的也是如此。对于学校中的"害群之马"，若是拿他们没有办法，就一定要想办法远远地躲开他们。

小叶是一名高二学生，成绩优异，是班级里的学习委员。高二上学期，她的成绩还排在班级前十名，下学期就快速跌到了三十名。班主任把她叫去问话，问怎么回事。她一五一十地交代了，说她跟隔壁班的另一个女生走得很近，但对方是个不爱学习的人，经常拉着她一起去网吧打游戏，作业不认真完成，学会了抄别人的作业。后来，又有几个女生加入了进来。在隔壁班同学的带领下，她们很快结成了一个"小帮派"，集体逃课，集体游戏，非常散漫。

那些同学的成绩也开始急剧下滑，这一切的源头都是小叶隔壁班的那个女生。后来那个女生被通报批评，但小叶的家长还是觉得不放心，在高三那年，给她办理了转学手续。

既然拿她没有办法，不如躲得远远的。一不小心结交了一个损友，也许一辈子就这样搭进去了，全盘皆输。

关于酒与污水的定律，还让我想起了另外一个故事。

古时候有一个村子，村民世代和谐，相处得很融洽。

村长住着村里最大的房子，因为村里需要开会，村长家的房子大一点也理所应当。关于这一点，大家也没有任何意见。

直到某天，村里来了一个外村人，他说出了自己"独特"的见解。他对村民说："对于这样的住宿安排，我表示很不理解，不都是一个村的民众吗，为什么就村长的房子最大呢？如果说村长是官儿大，那副村长住的房子为何同村民一样大小，这明显不符合道理啊！"

于是这个村子千百年保持的习俗被打破了，大家一开始还帮着村长说话，后来发现不是那么回事，也开始变得有怨言，开始变得不满。

而将原本的和谐氛围彻底瓦解之后，外村人就不见了。

一粒老鼠屎，足以搅坏一锅汤，如果一开始就发现不对劲的苗头，一定要马上对那个"害群之马"进行驱赶，这样才能把对自己的伤害降到最小。

破窗效应：不能"一破到底"

破窗效应是犯罪心理学理论，何为破窗？也就是说如果不良的现象被放任存在，别人就会跟着效仿，还会变本加厉，以至于造成更大的麻烦和损失。

举例来说，你在路上所看见的一扇破窗户，因为没有及时修理，等你再过几天来看时，它的破洞会越来越多，有好几扇也跟着一起破了，那多数都是别人效仿着来的。

关于这个效应，心理学家菲利普·津巴多曾做过一个实验，他找来两辆车，分别把它们停在了两处不同的地方，一辆停在了中产阶级社区，另一辆则停在比较杂乱的小区。

停在比较杂乱的小区的那辆车，津巴多把它的车牌摘了，车顶篷也掀了，结果当天就被偷走了，而另外一辆车在那儿停了一个礼拜也无人问津。后来津巴多用锤子对着那辆车敲了几个洞，结果仅仅几个小时它就不翼而飞了。

这就说明一个细小的"伤疤"，也会演变成巨大的"伤口"，如果不及时补救，情况就会越来越恶劣。

其实生活中到处都可以见到破窗效应，例如你去朋友家做客，你想抽烟，看见光洁无尘的地板，你会向朋友要个烟灰缸，会主动把烟灰弹到烟灰缸里，怕弄脏朋友家里的地板。但朋友的屋子若是脏乱不堪，你肯定会随手抽烟，也不会向朋友要烟灰缸了；也许抽到最后，还会直接把烟蒂扔在屋子里。

这不就跟城市的马路一样吗？见到干净的马路你不会忍心丢垃圾，但若是看见脏乱不堪的小巷子，就会随手扔垃圾，而且没任何负罪感。

再比如你的房子看上去很"随和"，且大门也没有关，这就让本来没有贪念的人也想进去"一探究竟"，或者是拿点什么出来。

破窗效应无处不在，它被广泛地运用到每个角落，无论是在生活中，还是在企业中，都是一样的。

在企业里，如果破窗效应一直存在，不按时处理，就会给企业造成很大的不利影响。

举例来说，某家企业明确规定，针对迟到早退、工作时间吃零食，或没有按公司要求穿工服的现象，发现一次扣款 50 元。开始只有一两个人那么做，公司并没有引起重视，也没有对他们进行任何处罚。两个月后，该公司从最开始的一两个人违反规定，到公司一大部分人都跟着一起无视公司的规定。公司管理层没有及时制止，导致公司的风气越来越败坏。

当公司出现类似的情况时，必须立刻严惩，不要让大家存有侥幸的心理，可以一次次逃避惩罚，最后弄得越来越没办法收拾。

西方有这样一首民谣："丢失一个钉子，坏了一只蹄铁；坏了一只蹄铁，折了一匹战马；折了一匹战马，伤了一位骑士；伤了一位骑士，输了一场战斗；输了一场战斗，亡了一个帝国。"从这首民谣里就可以看出，一件极其微小的事情，经过演变，一点点扩大，会直接影响未来的命运存亡。

以破窗理论为"师"，才能大大地减小损失。不光是在职场上，把破窗理论拿到个人的形象气质上来说，也可以言论比喻一番。

假如你穿得破破烂烂的去拜访客户，给客户的第一印象几乎就不会太好了，他自然也不会相信你能给他的公司带来什么好产品或好的主意，会直接把你拉入黑名单。往后若是对别的公司说起，联想到你或者是你的公司，就会说一些比较负面的话，而其他的公司可能也对你们公司没有太多好感，一概而论了。

若你穿得体体面面的去拜访别人，加上你专业礼貌，从各个角度对方都认可你，自然的，当日后他们向别的公司谈论起你和你的公司时，都会竖起大拇指，业务也不愁不上门了。

当一家公司的员工整体着装都整洁时，没有人会愿意穿得"邋遢"的出现，这就是破窗效应的神奇所在。

一个好的环境和一个好的制度下，就会产生一群文明人，相反，乌烟瘴气的环境中就会有一群"无赖"滋生。

以前闺蜜说过她们公司的事情，与破窗效应无异。她们是一家创业型的公司，员工不多，加上老板只有7个人。虽然只有7个人，但这几个人都是人中之"精"，一个能顶好几个用。但就在不久前，公司发生了一些变化。老板的侄子加入了她们那个小团体，一开始还挺和谐，大家有说有笑的，相互学习，相互指正。但后来就变了味道，仗着自己是老板的侄子，他开始有点变得懒散起来，公然地在办公桌上玩游戏、吃东西。老板一来，他就立刻收起那份散漫的态度，装得认真起来。

久而久之，大家觉得老板侄子的行为似乎也没有带来什么了不得的后果，也就悄无声息地效仿了起来，只要老板不在，就是一盘散沙，该做什么就做什么，整个办公室被弄得乌烟瘴气。

这几个人很快就打成一片，成群结派，集体欺骗老板。因为大家都拿钱不干活，工作干得粗糙不细致，很快就出现了问题，不是对方公司要退单，就是要投诉他们公司，最后因为信誉问题，在整个行业里都无法立足了，公司已经到了发不出工资的地步。最后不了了之，只好关门大吉。

因为被破了一回"窗"，没有及时发现，没有及时遏制，"窗"就会被别人无数次捅破，洞口越来越大，难以修复。即便最后发现了，也已经没有可以回旋的余地了。

虽然在职场中谁都会有犯错的时候，但是当自己犯下错误的那一刻开始，就应该反思自己的做法，也许在大环境面前你没有办法改变他人，但你却能够管好自己、做好自己，不让自己成为那个"破窗"之人。

鲦鱼效应：引导人的重要性

因为鲦鱼个体弱小，所以常常群居出入。而只要是群居的动物，就必然会有一个头领。鲦鱼们通常会找比较强健的成为自己的头领，然后一直跟随。

看到这还算完美，因为它们跟人类一样，在企业里也算有组织有结构地奔忙。可事情没有那么简单，一旦某天把较为强健的那条鱼的脑后控制行为切除，它就会失去自主能力，也就形同于"废物"，但其他鱼依旧还会像以前一样，盲目地跟随它们的头领。这也就是鲦鱼效应。

大多数企业都会找一个有才干的人担任重要职务，然后带领团队为企业创造更大的价值与利益。但很多时候却事与愿违，某些企业里位居高职的人才干平平，也并没有领导能力。而领导一旦出了问题，整个部门就会行动紊乱。

下属得不到晋升或者离职的悲剧，主要领导要负一定的责任，因为从某种程度上来说，就是由他们间接导致的。

很多人对上司有不满的情绪，每天心不甘情不愿地被差使着干活，这些不满，都是因为在心里不认同一个差劲的领导。

差劲的领导一般都存在几个相同点，自己没本事，却喜欢颐指气使，而他们的下属又学不到任何东西。

A所在的公司就是这样，她每次都跟大家抱怨，说不想去上班，但每次都因为现实生存问题，又不得不厚着脸皮去。

她为什么不想去上班呢？据她所言，她的直属领导就是个大傻子，也不知道公司是从哪里找来那么个人来管理他们部门这六个人。

除了她以外，其他五个人对他们的领导也有诸多的不满，人前不敢说什么，人后却议论纷纷。

她所在的部门是企划部，领导本来就是一个写文案的，但后来因为一篇文章被奖励，被破格提拔到了经理位置。

这位领导写文章还行，但是说到管理能力就不行了。企划部有几个从事设计工作的同事，领导不懂设计，但每次都要瞎指挥一通，让专业的设计在她面前反而成了一个什么都不懂的人。

因为领导的无能，他们整个部门也经常会跟着无缘无故地一起挨骂，上面说他们办事不得力。但也仅仅只是口头上骂骂，并没有对领导做出实质性的处罚。

每次出了问题，领导都会先把"犯事"的那个同事揪出来，然后再把责任都推到他的身上，似乎自己一点责任都没有。

同事只是忍耐也就算了，但关键还学不到什么实质性的东西。

有些领导虽然严苛，看上去不那么友好，还让人有几分讨厌，但是起码别人身上有可圈可点之处，别人能在他身上学到些什么，而这个领导，似乎在她身上什么都学不到。

不久之后，他们部门就掀起了一股离职浪潮，第一个交辞职报告的是 B，B 交完之后 A 跟着也一起交了；A 交完，其他人也跟着效仿。一个六人团队说散就散了。

领导出了问题，底下的人自然也会跟着出问题；领导"治"不好，底下的人自然也是一盘散沙。下属之所以离开公司，也是领导一手造成的。

在一个企业中，领导人出现问题，那毋庸置疑，整个企业组织都会受到影响，会不可避免地出现问题。作为企业的核心领导，就必须承担起对企业的责任，如果发现自己没有那个能力去管理，就不要应承。

一个领导者怎么才能让别人尽职尽责地追随自己呢？首先他自己要有一定的能力，有别人没有的本领；其次，要敢于承担责任，能带大家走出困境；再者，要为所有的一切负责，为企业负责，为员工负责。

有一件事情记得比较清楚，朋友跟我讲过他创业初期的事。那个时候公司新成立不久，因为回款慢，经常两三个月发不出工资，他只能自己想办法给员工发工资，尽量不拖欠他们。有一次临近过年，因为发不出工资，该借的地方都借遍了，他实在想不出更好的办法，不得已只能将跟随他多年的手表拿去卖了，用卖得的钱给大家发了工资，还给每人包了一个小红包，自己仅留下172 块钱过年。

财务大姐知道这件事情后特别感动，放完假上班之后，她把这件事情告诉了员工。老板的做法深得员工们的心意，当场就有一个员工说以后不回款就不拿工资，后来大家都纷纷说自己可以先不拿工资。

因为朋友的出众能力和良好的人品，大家都心甘情愿跟他站在同一个阵线，一起渡过此次难关，没有一个人抱怨。

如果换作是另外一个人，换另外一种做法，也许员工们早就跑了，才不会有人去管你的死活，管你公司未来会怎么样。

朋友因为员工们的宽容，很快就渡过了那次难关，如今公司日渐壮大，当初那几个员工也都成了很有责任心的领导，是公司的核心支柱。

说到这里，不免想到京东的创办人刘强东。京东在创业之初，完全没有现在的强人和辉煌，规模很小，也没有知名度，和很多创业公司的领导一样，刘强东凡事都要亲力亲为。

当初建立宿迁呼叫中心时，为了方便，公司的部门经理和员工同吃同住，包括刘强东自己也一样，从不搞特殊化。每天和员工一样做到凌晨3点，第二天起来接着干。

为了给予员工更好的关怀，负责此次项目的经理告诉做早餐的师傅，让师傅辛苦一点，在半夜十一点的时候过来给大家做饼，好让大家能吃上热乎的饼。

京东搬库房在业界都是有名气的，几乎所有的领导都练就了一身本领，都是搬库房的好手。这也正是鲶鱼效应，这样的团队，这样的领导，不论初期怎么困难，员工都会愿意跟着你干的。

当然，有一个好的领导者，于个人而言，自己必然也会进步更快；于公司而言，也是公司的一大幸事。

一个好的领导者，要学会自我反省，不要把自己的错误强加在别人身上，也不要让别人为自己的错误买单，要不断地正视自己，带领好员工，为公司创造更大的利益，让员工心甘情愿地服从自己的安排，才能实现自我的成功与价值。

二八法则：抓住"关键点"

有一句话说："成功的路上并不拥挤。"为什么不拥挤呢？那是因为80%的人都没有机会走到这条路上来。这句话既是调侃，也是事实。

早在1897年的时候，意大利著名经济学家帕累托在从事经济学研究时，对19世纪英国社会各阶层的财富和收益模式做了一番调查取样，详尽统计后，结果发现：20%的人手里竟集中了80%的社会财富，而剩下80%的人手里却总共只占据社会总财富的20%。也就是说，大部分的财富都流入到了少数权贵、富豪和精英阶层的手里，少数人占有了社会上大部分的财富，而他们在总人口中的占比却与其拥有的财富数量严重不对等。

同时，他从早期资料中还发现，不止是英国，其他国家也一再出现这种微妙的现象，并且在数学上呈现出一种稳定的状态，人口中的财富分配是非常不平衡的。大量而具体的数据统计事实无不印证了这一规律，举世闻名的"二八法则"就此诞生了。

帕累托认为，任何一组东西中，最重要的往往只占据其中的一小部分，在20%左右，而另外的80%虽然是大多数，但却是不那么重要的。后来，人们在经济、社会、心理、日常生活等各个方面发现二八现象几乎是无处不在的。因此，"二八法则"（也叫"二八定律"）也就成为了这类不平等关系的泛称。不论结果是不是恰好为 20% 和 80% 的分布，都一概以"二八法则"论之。虽然从统计学上来说，20% 和 80% 精确出现的概率很小。

在产品营销中，商家通常认为所有顾客都是同等重要的，对所有的生意、每一个产品所付出的努力应当相同，所有的营销机会也都必须抓住。但熟悉"二八法则"后我们就会知道，原因和结果、投入和产出、努力和报酬之间，其实存在着典型的不平衡现象：80% 的成绩，只与 20% 的努力相关；20% 的企业，可能生产了市场上 80% 的产品；80% 的利润，可能来自于 20% 的顾客；20% 的销售员，可能带回了 80% 的订单；80% 的销售额，可能是由 20% 的商品贡献的。如同"黄金分割"一般，"二八现象"十分普遍。

"二八法则"揭示了能主宰整个组织的产出、盈亏和成败的，常常是起关键作用的一小部分的道理。有钱人会越来越有钱，不仅是因为他们拥有优势资源和出色的能力，更因为财富具有滚雪球的效应，基数越大，就会越滚越多。遵循"二八法则"的企业，在经营和管理活动中会善于抓住少数的关键客户，进行精准的目标客户定位，提高精细化的专业服务，从而达到事半功倍的效果。

"二八法则"不仅在经济学、管理学等领域得到了广泛的应用，对我们普通人来说也同样适用。学会抓住事情的"关键点"，避免将时间和精力浪费在没有意义的琐事上，正是"二八法则"对我们自身发展启发出的重要现实意义。

一个人的时间和精力是很有限的，要想面面俱到，把每件事情都做好，几乎没有任何可能，这就要求我们必须要有所割舍，懂得合理分配自己的时间和精力。一天只有 24 小时，与其眉毛胡子一把抓，还不如圈定重点从中突破。我们可以选择在一件或几件事情上追求卓越，而不是事事都苛求完美，把 80% 的时间、精力、金钱或资源，花在能产生关键收益的 20% 的方面上，而这 20% 的方面又可以带动其余 80% 的发展，出现"杠杆"的撬动效应。

掌握了"二八法则"，可以让我们的生活效率得到有效提高。我们能否取得成功，并不仅仅取决于我们的能力，而更应该知道我们需要在什么地方做出努力，有的放矢才能获得成效。成功的人都懂得，生活和工作都要有所选择，分清主次，让 80% 的努力都投入到 20% 的关键事情上，不花费多少力气就实现了重要的目标。

将注意力集中到 20% 最重要的事情上，20/80 思想的行动结果就是以少获多。面对生活中各种杂乱的线条时，把它们理顺，找出影响幸福和成功的关键所在，全心全意地投入进去，咬定目标不放松，付出切实的努力，"二八法则"就会产生神奇的魔力，让梦想成真。

用 20% 的时间创造出 80% 的价值和成就，在 20% 的时间里享受 80% 的快乐，是一件很美妙的事。

分粥规则：利己，不等于不公平

美国政治哲学家约翰·罗尔斯在其名著《正义论》中，用了一个"分粥"的比喻来对社会财富分配进行讨论。

一起住的有七个人，大家每天同喝一锅粥，但却不够吃。

最开始的时候，他们用抓阄的方式来决定每天由其中一个人主持分粥，所有人一人一天轮换着来。但是一个星期下来，大家却只有一天是吃饱的，就是自己负责分粥的那天。

这样下去不是办法，后来大家又共同推选出一个道德高尚的人来负责分粥之事。然而，强权会滋生腐败，其余六个人每天想的都是怎么挖空心思去讨好主持分粥的人，使出各种贿赂、巴结的手段，整个小团体也因此变得乌烟瘴气。

再后来，大家又改变了分粥方式，组成了三人的分粥委员会和四人的评审委员会，本以为可以解决问题，谁承想却经常发生互相攻击、推诿扯皮的事情，等到最后粥喝到嘴里全是凉的，日子简直没法过下去了。

各种法子都试过之后，最终采取的办法是平均分粥。虽然每天有一个人负责分粥，但必须要等到其他人都挑完后，自己才能拿剩下的最后一碗。人人都不想吃到分量最少的那碗粥，所以每个人都尽量将粥平均分配，哪怕是有稍微的不平均，也尽量容忍了。如此下来，大家终于变得一团和气，日子越过越美，分粥问题于是顺利解决。

"七人分粥"的情境中，由七个人组成的小团体，人人皆平等，但人人也都有自私自利的本性。在没有计量工具或有刻度的容器的前提条件下，分食一锅粥就需要通过制度创新来解决大家每天的吃饭问题。如何分好这一锅粥，罗尔斯为七人罗列了五种分粥办法，让七人小团体在多次博弈后，终于形成了统一规则。而每一次的规则博弈，我们也都能从中分析出问题所在。

规则一：七人轮流主持分粥，一人一天。这样看起来是平等的法子，但一周中每个人只有自己主持的那一天是吃得饱且有剩余的，其余六天都饿肚子，实际上造成了资源的浪费。

规则二：选定其中一人负责分粥。但是权力容易造成腐败，绝对的权力更是会导致绝对的腐败。于是大家很快就发现负责分粥的人总是给自己分最多最好的粥，但换了人之后，结果还是一样的。

规则三：推举一位品德较为优良、做事尚属公正的人来扛起分粥大任，但人的劣根性又开始暴露，刚开始时，这位品德高尚的人还能公平分粥，但不久后他便给拍马溜须的人和自己多分，分粥又变得不公平了。

规则四：选举产生分粥委员会和监察委员会，让权力受到监督和制约，公平性也可以基本实现。可是监察委员会提出的多种分粥议案，却又遭到分粥委员会的据理力争，几番争执之下，粥都凉成了黄花菜。现实中，在政府部门中这种情况不胜枚举。

规则五：每个人轮流值日负责分粥，不过负责分粥的人最后领粥。道理明摆在那里，如果分得不均，最少的那碗粥肯定就是自己的了。但谁都不想自己吃亏，只能分得合理。如此才终于做到了公平，让人人分到的粥都基本差不多，解决了分粥的难题。

没有精确计量工具的条件下，无论谁来负责分粥，都不免有利己嫌疑。规则五让分粥者最后领粥，就是提出了一个最基本的要求：每碗粥都得分均匀才行。即便分粥者为自己私利着想，也会产生一个相对公平、公正的结果。

"分粥规则"总结起来，充分说明了利己并不等于不公平。故事中的这锅"粥"，罗尔斯指的便是社会财富，由一大群人来分。也即是说，如果把制度建立在对每个人都不信任的基础上，假设人都是自利的理性主义者，是可以产生合情合理、具有执行力度的制度的。

利己本身不是错，关键看你如何利用。同时，制度要做到公平公正，不仅要讲求科学性，还要有针对性。根据一定的规则来制定相应的制度，简洁明了，可操作性强，能够让制度得到更好的推行。

"分粥规则"最大的资源并非"粥"本身，而是制度的设计。不同规则主导下设计出来的制度，会产生不同的社会影响。"粥"只是一个分配的载体，只有懂得如何从人性的利己主义出发，设计出"先进适用而高效化、公平公正而民主化、奖惩分明而激励化"的分配制度，才会懂得怎样把任何东西恰当地分给任何人。

犯人船理论：法治大于人治

有一本名叫《犯人船》的书，作者是英国历史学家查理·巴特森，这本书讲述了 18 世纪英国政府是如何解决罪犯在运送过程中出现的高死亡率的问题的，并借此说明了"法制大于人治"的重要性。

1770 年，英国探险家到达了澳洲大陆，并向当地土著人宣布了英国政府将其作为属地的决定。当时正值大英帝国在世界各地推行殖民运动的时期，普通民众大多是移民到北美，而澳洲却是一片蛮荒，没有多少人愿意去。于是政府决定将已经判刑的囚犯一批批地运送过去，如此既可以解决本土监狱人满为患的问题，又可以给澳洲送去丰富的劳动力，促进当地的开发与生产活动。

　　起初，从英国运送罪犯到澳大利亚主要是走水路，全部由私人船主进行承包，政府按每只船上的罪犯人数支付给船主长途运输费。由于船上的条件和美国从非洲运送黑人相差无几，营养和卫生状况都非常差，人数过多又拥挤不堪，使得罪犯在船运中途就死亡的概率很高。

　　书中记载，从 1790 年到 1792 年，有 26 艘私人船主的船运送罪犯到澳大利亚，船上共装有 4082 名犯人，其中死亡的有 498 人，平均概率达到了 12% 左右。其中有艘名叫"海神号"的船，总共 424 名罪犯中竟然死了 158 个，出现 37% 的最高死亡率，让人触目惊心。

　　犯人大量死亡的消息传出去后，英国政府不仅要承担巨大的经济损失，还会受到社会公然的强烈道义谴责，以至于从英国到澳大利亚的罪犯运输航程成了人人谈之色变的"蓝色地狱之路"。花费了大笔钱财，却没能达到向澳大利亚大批移民的目的，还让很多罪不至死的犯人不得不面对海上长途运输过程中死刑审判般的煎熬。如何来解决这一棘手的问题呢？

　　英国政府首先采取了道德说教的方式，寄希望于私人船主的人性之善，企盼他们能够良心发现，改善罪犯们在船上的生存条件。然而，在那个为了 300% 的利润就敢于上断头台的年代里，这种方式无异于痴人说梦，根本起不到什么作用。此路不通，那就采取第二种方式，英国政府决定进行政策干预，对船上的最低饮食和医疗标准立法，同时派遣官员到船上进行执法监督，强迫私人船主改变对待犯人的方式。但执行这项政策本就是个苦差使，没有高薪就无人肯干，还要面临随时可能遇到的海难风险，遭受贪婪成性且有海盗作风船主的威逼利诱，受命的官员们变得与船主同流合污，这种特殊环境下，政府的干预彻底没戏。

但最终，"烫手山芋"般的问题还是得到了顺利解决。其实很简单，英国政府仅仅对付费制度做了下改变：按下船时实际到达澳大利亚的人头付费，而不再按上船时的罪犯人头付费。此令一出，情形瞬间有了很大的改观。囚犯们从原来的不受待见，任其自生自灭，变成了私人船主的财源，为了赚取利润，自然不敢再行虐待之事，而是想尽各种办法提升船上的环境条件和生活标准，保证犯人们的健康状况，让他们在历经长时间的海上漂泊后，都能活着到达澳洲大陆。新制度显示出了强大的威力，囚犯在运送途中的死亡率不久就下降到了约1%。

整个过程中，私人船主们自私、贪婪、冷酷、趋利的本性并没有改变，但囚犯死亡率却大大下降，正是得益于制度的巨大威慑力。从中也可以看出，优秀的制度设计无论对于一个组织，还是整个国家和社会来说，都是相当重要的。

据此，便出现了"犯人船理论"：小到一件事情、一个组织，大到一个国家、整个社会，如果当依靠人性的自觉自省，靠说服教育、道德感召，靠外在的监督都解决不了问题的关键时，就必须用健全而完善的制度来加以解决。法制大于人治，以法为尊，有法必依，执法必严，才能让人抛却利己的私心，知法守法，做出于己于人、于国于民都有利的事情。

正如英国知名经济学家和政治哲学家哈耶克所说："一种坏的制度会使好人做坏事，而一种好的制度则会使坏人也乐于做好事。"只有建立优秀的制度，依托合理的制度安排，将制度的设计目标与执行者的切身利益最大限度地结合起来，顺从人的本性，才能更好地调动人的主动性和积极性，从而引导人们做出合乎社会公德的事。

公平理论：没有绝对的公平

我们常常提到"公平"二字，但社会上处处可见不公平现象。20 世纪 60 年代，美国行为科学家和心理学家斯塔西·亚当斯还提出了响当当的"公平理论"。

1962 年，亚当斯与罗森合著了《工人关于工资不公平的内心冲突同其生产率的关系》一书；1964 年，他与雅各布森合写《工资不公平对工作质量的影响》；1965 年，他又再度出版著作《社会交换中的不公平》；1967 年，亚当斯正式提出"公平理论"。一系列著作中，亚当斯笔下的"公平理论"是研究人的动机和知觉关系的一种激励理论，侧重于研究工资报酬的合理性、公平性及对职工生产积极性造成的影响。

"公平理论"认为，员工对收入的满意程度，可以对工作积极性产生一定的作用。但个人实际报酬对员工的激励程度，却取决于一个社会比较的过程。因为人们不仅会关心自己的绝对收入，还会关心与他人比较之下的相对收入。这种比较，既是将自己付出的劳动和获得的报酬与他人付出的劳动和获得的报酬进行社会横向比较，也会将自己现在付出的劳动和获得的报酬与过去付出的劳动和得到的报酬进行历史的纵向比较。也就是说，人们对报酬分配的公平性十分敏感，总会自觉不自觉地进行这样那样的比较，从而对公平与否做出自己的一番判断。

当人们发现自己的付出收益比例与他人相等，或现在与过去相等，就会觉得报酬分配是公平的、合理的，心情就会很愉悦舒畅，于是更加勤奋工作；当人们发现自己的付出收益比例比他人低，或现在比过去低时，就会觉得报酬分配不公平、不合理，进而感到愤愤不平，产生不满情绪，工作积极性就会遭到挫伤。由此可见，工资报酬对员工的激励程度，来源于员工自身对参照对象的所获报酬和投入比例的一种主观感觉，社会比较或历史比较影响员工的公平感，而员工所感受到的分配上的公平程度，则进一步影响了员工的工作积极性。

比较中的工作投入，包括学历、经验、工作时长、精力等；员工所获得的工作报酬，包含物质上的金钱、各种福利、精神方面受重视的程度和表彰奖励等。公平感指数越高，对员工积极性越能起到调动作用，催人奋发向上，因工作而感到快乐；公平感指数越低，越容易打击到员工的工作能动性，导致不稳定性因素的产生。当然，少数时候，也会有因为付出少而收获多，出现不安或感激的心理。

总的来说，"公平理论"给出的基本观点是客观存在的社会现实。然而公平本身却是一个极其复杂的问题，与个人主观判断、所持的公平标准、绩效的评定、评定人等方面都密切相关，并且世界上从来就不存在绝对的公平。

生而为人，我们就要经历和感受诸多的不公平：出生背景、家庭关系、受教育程度、职位权力、社会地位、身高样貌等，人与人之间千差万别，无论是先天的不公平，还是后天的不公平，都会给人带来烦恼和痛苦。但是我们又很难去改变外在的不公平因素，只能被动接受。比如说，最让人感到不公平的事情是：曾经同一个起点的人，你还在吃着原来的粗茶淡饭，他却吃起了山珍海味；你还在工作岗位上原地踏步，他却步步高升；你还在过着勒紧裤腰带的日子，他却通过做生意发了大财，香车美女、别墅靠海，过起了成功人士的生活……

公平吗？当然不公平。本来世界对每个人就没有公平过，也不可能会公平，这是一个与生俱来的无可奈何的真理。如果世界真的绝对公平了，反而是另外的一种不公平，因为违反了物种差异性、多样化的原理。

不过，公平理论对我们也有着重要的启示作用：第一，激励的效果不仅要考虑到报酬的绝对值，还要考虑相对值；第二，制定激励政策时应尽可能做到客观上的公平，尽管会出现主观判断上的误差，但也不至于造成严重的不公平之感；第三，需注意加强对激励对象的心理疏导，帮助其树立正确的公平观念，意识到绝对公平的不存在和盲目攀比的不可取。

公平无绝对，车走车路，马走马路，真本事、硬实力才是竞争最好的砝码，关键看你追求什么，并愿意为此付出多大的努力。

鲇鱼效应：借势于外来事物

生活在北欧的挪威人向来都喜欢吃沙丁鱼，尤其是活的沙丁鱼。但是，市场上活鱼的价格却要比死鱼高上许多，因此渔民们为了赚取更多的钱，总是想尽法子试图让沙丁鱼能活着回到渔港进行售卖。

　　然而，在渔民们千方百计、种种努力之下，绝大部分沙丁鱼仍旧在中途就窒息死亡了，这让渔民们感到很沮丧。就在这时，有一条渔船却总能让大部分沙丁鱼都存活下来，船到渔港之后，每一次卖出去的都是活鱼居多。该渔船的船长严令所有船员保守活鱼的秘密，直到他去世之后，谜底才得以揭开。

　　原来秘密并不稀奇，但很多人却都没有想到。每一次，船长都让人在装满沙丁鱼的鱼槽里放入一条以鱼为主食的鲇鱼。进入鱼槽后，鲇鱼对新的环境感到陌生，于是开始四处游来游去。沙丁鱼们一见是鲇鱼，怕它要来吃自己，就不免十分紧张，从而左冲右突，四处躲避游动着的鲇鱼。当鲇鱼搅动了一池死水后，沙丁鱼们面临的缺氧问题自然也就迎刃而解了。如此一来，一条条活蹦乱跳的沙丁鱼被运到了渔港进行贩售。这便是著名的"鲇鱼效应"。

　　"鲇鱼效应"中，鲇鱼是一种生性很好动的鱼类，虽然本身并没有什么特别之处，但船上却将它用作保证长途运输沙丁鱼过程中促其成活的工具，让鲇鱼的作用逐步得到大家的重视。相反，沙丁鱼则是一种生性喜欢安静、追求安稳的鱼类，对于面临的环境没有清醒的认识，而是一味安于现状。船长很聪明地利用了鲇鱼好动的特性来给沙丁鱼制造危机感，让沙丁鱼不断游动，大大提高了沙丁鱼的存活率，并由此获得了最大的利益。

　　鲇鱼在搅动沙丁鱼的生存环境时，也同时激发了沙丁鱼的求生意识，起到了助推作用。所以，"鲇鱼效应"对船长来说，在于借势于外来事物，采用鲇鱼作为激励手段，为自己牟利。这启示现代社会的企业管理者，可以适当采取激励措施，创造条件，激活员工队伍，让鲇鱼型人才成为企业正向提升的动力。在本质上，"鲇鱼效应"是一种制造危机感的负激励方式。

北方的一个牧场上，水草丰茂，牧民们放养了大批的羊。然而，附近却有不少的草原狼经常在牧场上出没，吞吃掉牧民们的羊。眼看自己养的羊数量越来越少，牧民们没有办法，只好求助于官府，希望能将狼群赶尽杀绝。官府很快派出了官兵，帮助牧民们将草原狼给消灭了。

这下狼没有了，羊群开始大量繁殖，数目得到猛增，牧民们高兴异常，以为从此就可以高枕无忧了。谁知道几年以后，羊的繁殖能力却大大下降，数量锐减不说，存活下来的羊也羸弱多病，让羊毛的质量大幅下降。思来想去，牧民们终于明白，没有了狼这一天敌，羊的生存和繁殖能力都遭到了退化。这下，官府在牧民的再次请求下引进了野狼到草原上，羊的数量虽然开始减少，但羊毛质量却又获得了提升，食物生态链因此变得平衡。

猪圈岂生千里马，花盆难养万年松。不论是生物界，还是人类，都不乏"鲇鱼效应"的存在。汉代的李广射石，与鲇鱼效应便有异曲同工之处，都是在压力下激发潜能的例子。"急中生智""破釜沉舟""置之死地而后生""艰难困苦，玉汝于成"等词语，讲的都是生于忧患、死于安乐的道理，警示人们时刻要有危机意识。

企业管理方面，"鲇鱼效应"是领导层借助外来事物，激发员工活力的有效手段之一。目前，已有鲇鱼效应在人力资源管理中的应用，主要包括建立竞争机制、启用人才、改变领导风格等。从不同的视角思考问题，可以引导出不同的发现问题、解决问题的办法。如果一个组织达到了较为稳定的状态，员工的工作积极性就会有所降低，而要想进一步提高整体效率，就要适时地运用可起到活水源头作用的"鲇鱼效应"。组织中"鲇鱼式"人物的存在，有助于激活员工队伍的能动性，提升工作业绩。

当然，被很多企业所推崇的"鲇鱼效应"也会存在一些弊端，这种引进外部力量刺激内部成员的做法也不能滥用，需要对实际情况进行具体问题具体分析。但总的来说，企业内部是需要有一定压力的，竞争氛围会让员工有紧迫感和危机感，能更好地激发出进取心，让企业更有活力，核心竞争力得到增强。

第四章

做个受欢迎的人

　　做个讨厌的人也很好，肆意放纵，无拘无束。遗憾的是，我们都想让自己变得更好。所以，我们开始有了规矩，我们开始有了敬畏，我们开始有了顾虑……让你变好的过程，总是那么不舒服，但我想，这都是我们的意愿，谁都不喜欢那种被遗忘在角落的感觉。

古德曼定律：沟通，也需要沉默

人与人之间的交往，语言沟通是必不可少的方式。然而讲话在所有时候、所有场合都是必须且一定可以起到作用的。所以，某些时候，保持适当的沉默反而会比滔滔不绝地说话能产生更具震慑力的效果，让听者更加心悦诚服。

沉默，如同一种无声的语言，在特定的时刻会成为人际交往中的绝妙艺术，以"只可意会，不可言传"的况味，无声胜有声，让沟通达到潜移默化的境界。心理学上的古德曼定律正是与沉默有关，认为沉默可以调节说话和聆听的节奏，其在沟通中的作用，相当于零在数学中所起的作用，重要而关键。世界上从来不存在永不停息的讲话，中间必须穿插有停顿、沉默，否则，一切交流都将难以进行下去。因此，古德曼定律也叫作"沉默定律"。

17世纪，法国波旁王朝国王路易十四的宫廷中，贵族和大臣们因为政见不合而吵闹不休，可谓家常便饭。每当此时，一直端坐在王座之上的路易十四都表情默然，始终不动声色地聆听大家的争论，而不发表任何意见，以至于人们很难猜测国王的真实想法。直到争论的双方全部将自己的意见表达完毕之后，他才不置可否地撂下一句"你们的意见我会加以考虑"，然后便转身离开了现场，留下众人面面相觑，不知所以然。面对众人的各种请求时，他往往也会使用这样的答复。因为太过沉默寡言，大臣们总是猜测不出国王究竟在想什么，便只好诚惶诚恐地遵从吩咐而不敢造次。就这样，路易十四的王权也得到了维护和巩固。法国空想社会主义者圣西门曾经在描述路易十四时赞扬他非常懂得如何运用自己的言辞、微笑甚至是眼神，沉默让他的威望得到提升，成功创造了奇迹。

　　一百多年后的1825年，俄国沙皇尼古拉一世平定了一场叛乱，并决定对叛军头目李列耶夫施以绞刑。行刑当天，不甘赴死的李列耶夫由于拼命挣扎，竟将绞刑架的绳索挣断。根据沙俄当时的法律，如果出现这样的情况，意味着天意指示要赦免于他，犯人可免死刑。狡猾的李列耶夫也认为自己将得到赦免，于是趁机狂妄地大声叫嚣道："连一条小小的绳索俄国人都造不好，还能成什么大事！"当时尼古拉一世正准备签署对他的赦免令，闻听此言不免脸色剧变，遂停笔对李列耶夫道："既然你要这么说，那我们就让事实来证明一切吧！"他当即果断地取消了赦免令，第二天再次将李列耶夫送上断头台，这次绳索没有断裂。李列耶夫最终殒命，正是因为他不懂得沉默，错失了大好的机会。

　　当年爱迪生想将自己的一项发明卖出去，用所得的钱来建造一座实验室。因为对市场行情不太熟悉，所以不知道开多少价才合适，拿不定主意的爱迪生便找到妻子商量。他的妻子也不知道这项发明能够值多少钱，但她想了想便灵机一动，发了发狠心道："那就叫价2万美元。"爱迪生有些不可置信地回答妻子："会不会太多了？"

　　正好有一个商人听说了爱迪生的这项发明，并表示有兴趣购买。两人面对面商谈的时候，进入到沟通价格的关键环节，但因妻子当时不在家，爱迪生又觉得2万美元有点太高了，不好狮子大开口，于是便始终沉默不语。商人在几次追问之下，爱迪生都

没有正面回答，最后商人按捺不住，便先出了一个价。一听报价
10 万美元，爱迪生顿时大喜过望，暗暗为自己的沉默占了先机而
高兴不已，当场便拍板决定，将发明卖给了商人。

以上的例子，都鲜活地说明了沉默在沟通中所起到的奇妙作
用。懂得运用沉默的力量，可以在与人的交谈中做到以静制动，
退可守，进可攻，牢牢掌握话语的主动权，让事情顺着自己期望
的方向推进。擅长发挥沉默影响力的人，往往是懂得掌握谈话分
寸与节奏的人，用沉默来隐藏自己的真实想法和目的，让自己看
起来显得有种高深莫测的神秘感，让人捉摸不透却又不敢轻易打
破，进而赢得对方的尊重和信赖，为自己搭建好行事的顺利之桥。

"静者心多妙，超然思不群。"生活和工作中的沟通，时常
需要发挥沉默定律，这样可以让我们从容地应对所面临的事情，
有更多思考的时间，深思熟虑之后讲话更慎重、更得体，令对方
油然而生神秘之感，能获得更为融洽和谐的人际关系。

需求定律：以进为退，懂舍得之道

大学里的财经类专业都会开设经济学基础课程《微观经济学》
和《宏观经济学》，其中基于价格的需求和供给的分析是微观经
济学的核心内容。在讲到需求曲线时，通常认为：当商品的价格
上升时，消费者对该商品的需求就会下降；当商品的价格下降时，
消费者对该商品的需求就会上升。也就是说，在其他影响因素（非
价格因素）不变的前提下，商品的价格与需求量之间存在着反向

变动的关系。价格越低，需求量越大，反之亦然。这便是需求定律。

　　需求曲线始终向右下方倾斜，是公认的经济学定理，与日常消费息息相关。在生活中，我们大多也是这样做的。当然，除了积分商品。比如说，猪肉的价格涨了，我们可能会少买一些猪肉而多买一点没涨价的鸡肉；西红柿降价了，那就多买一些。

　　其实需求定律蕴含的是一种对弈，可以看作是战场上的攻守策略，好比毛主席的"游击作战十六字诀"，敌进我退，敌驻我扰，敌疲我打，敌退我追，可以在自身需求与商品价格之间进行适当的取舍。当对某商品的支出预算比较固定时，在商品价格提高的时候，可以采取降低购买数量的方式来控制总成本，这便是"退"；而当商品价格降低时，多购买一些会比较划算，这即是"进"。进退之间，可自如转换。

　　以退为进的策略，是对需求定律的灵活运用。商品价格涨时，可以暂时以"退"的姿态作为降价时"进"的阶梯，暂时偃旗息鼓。等到价低时，再一举"进攻"多扫货购入。我们常常会看到一些老太太老大爷会一早在超市门口排队，等开门后一拥而入冲进去抢购新鲜又便宜的鸡蛋、蔬菜等，而不是在超市人流量最多、生意最旺的时候去买，这就是需求定律所含的"以退为进"思想的体现。

　　实际上，"退"只是一种表象，这样的姿态只是为了适时地"进"。商务谈判中通常会用到"以退为进"的招数，先让对方一步，让对方能从己方的退让中尝到些甜头，获得心理上的满足，思想上便会出现一定程度的放松。作为回报，对方也会做一些退让，满足己方的某些要求，这时就可以争取主动权，反守为攻，向对方提出自己的真实目的，对方的接受度和容忍度就会提高许多了，从而有助于达成己方意愿。

"手把青秧插满田，低头便见水中天。心地清净方为道，退步原来是向前。"布袋和尚的这首禅诗，虽寥寥数语，但却大有深意。退，其实是进的另一种姿态，进退有度，方为舍得之道，不失处世立身的大智慧。

清朝康熙年间，时任文华殿大学士兼礼部尚书的张英家里出了件小事。起因在于居住于老家桐城的家人扩建宅院，而与邻居发生了龃龉，一言不合之下，谁都不肯退让，最后只有对簿公堂。当此之际，张家人快马飞书一封，希望尚书大人能够利用手中的权力将邻居"摆平"。谁知张英收到家书后只是笑了笑，便提笔回信："千里家书只为墙，让他三尺又何妨？万里长城今犹在，不见当年秦始皇。"收到信后，家人自觉万分惭愧，即刻退让三尺建墙，再不与邻居起争执。邻居听闻后也深感羞愧，也做出了退让三尺的决定，于是便有了所谓的"六尺巷"，成语"退让三尺"也一直流传至今。

人生处世，若只顾一味地"进"，正如鹬蚌相争，相持不下会使得两败俱伤，白白让他人从中渔利。与其"伤敌一千，自损八百"，不如当退则退，让一步为高，待人宽一分是福。他日若进，也定会更有胜券。

潮涨潮退，日升日落，月盈月缺，世间万物，皆有进有退。现代社会，人人都被物欲裹挟着奔涌向前，欲壑难填之间，何时有止境？知进而不知退，会如水满则溢，登高跌重，难得善果。明白适可而止、急流勇退的人，定是深谙取舍之道的智者。看似退，却也是一种进，两者可互相转化成就。

取舍之道，在知进退。待人退一步为高，可避诸多纷争纠葛；

处世退一步为妙，可免无数排挤倾轧。世间千般事，行到尽处，须得退一步积蓄力量，以待时机，自会有大进之时日。

相悦定律：喜欢，是互逆思维

古语有云"士为知己者死，女为悦己者容"，亦有云"爱屋及乌"。人与人之间，如果能够相处融洽，相互喜欢，那么彼此的吸引力就会得到强化。用心理学术语来说，便是"相悦定律"。情感上的相悦性，是一种因为喜欢而引发喜欢的感觉，双方应当是同频共振，你喜欢我，我也喜欢你，而非我喜欢你，但你不喜欢我的单方面情感。

相悦定律是一种人际吸引的心理反应，决定一个人是否喜欢另外一个人的强有力因素是另一个人是否也喜欢他。我们经常说的"彼此一见钟情"，描绘的就是男女双方自然而然产生的好感和爱慕，两情相悦，是最恰到好处的情感。

我们在与他人交往的过程中，经常都需要用到相悦定律这一重要的心理学定律，努力给他人带来愉悦，赢得他人的好感，营造出友爱和谐的交往氛围，让事情能朝自己希望的方向顺利进行。在生活中，我们通常会喜欢那些能够让我们感到愉快的人，无形中产生出一股力量促使我们也乐于去接近对方。同理，平时无论是对同学、朋友、同事、客户，还是陌生人，若能恰如其分地表达自己的喜爱，言行举止能让人如沐春风，更容易让人感受到真诚、友善，从而让他人也喜爱自己。所以说，相悦定律可以在人际交往中发挥出很大的作用。

对很多人来说，也许乔·吉拉德这个名字有些陌生，但此名在 20 世纪六七十年代的销售界却是如雷贯耳的。乔·吉拉德在汽车销售领域取得了巨大的成功，被称为"世界上最了不起的卖车人"，是《吉尼斯世界纪录大全》认可的世界上最成功的推销员，而他成功的秘诀，正是获得了顾客们由衷的喜爱。那么，他是怎样做到的呢？

出生于美国底特律一个贫民家庭的乔·吉拉德，经历十分坎坷。在他 35 岁之前，可谓是个全盘皆输的失败者。因患有相当严重的口吃，从 9 岁起做过擦鞋、送报、锅炉工、建筑师、赌场保安等超过四十种工作，然而却一事无成。直到 1963 年，35 岁的他破产了，负债高达 6 万美元，为了生存下去，也为了还债，迫不得已，他走进了一家汽车经销店，恳求满怀狐疑眼光的经理给他一份推销员的工作。

要将汽车销售出去，乔·吉拉德便想尽办法获得顾客的好感和青睐，总是愿意去做一些微不足道，甚至在别人看来是费力不讨好的事情。比如说，每个月他都会通过邮件寄一张问候卡片给自己的 1.3 万名顾客，并且卡片上永远都只有一句话，那就是"我喜欢你"，除此之外，再无他语，也无他物，月月如此，从不间断。

也许你要说这都不算什么，但你要知道的是，这可是在 1.3 万人的邮箱中每月准时出现写有"我喜欢你"的问候贺卡，并且还是在半个多世纪前。成为汽车推销员的第一天，乔·吉拉德就卖出了一辆车，此后每月销售情况都非常乐观，甚至引得其他销售员的嫉妒和不满。三年后，乔·吉拉德凭借每年销售 1425 辆汽车的惊人成绩，打破了吉尼斯世界汽车的销售纪录。后来他将工作换到了密歇根的雪佛兰，直到 1977 年 50 岁时退休。

正是凭借不可思议的销售方法，乔·吉拉德连续 12 年平均每天卖出 6 辆汽车，15 年汽车推销生涯中总共卖出了 13001 辆汽车，荣登《吉尼斯世界纪录大全》世界销售第一的宝座，纪录至今无人能破。

在乔·吉拉德的故事中，"我喜欢你"是一句再平常不过的话，或者说是一句在推销手段中明显缺乏创意的话，但却让人难以置信地取得了无比卓越的成绩。事实证明，这是相悦定律在起作用——喜欢，是互逆思维。

简单的四个字，是乔·吉拉德在告诉他的客户们"我喜欢你"，每个月雷打不动。感受到他的真诚与质朴后，他的客户们也开始喜欢他，愿意购买他所推销的汽车。人与人之间的相互喜欢，主要就体现在言语和态度之上。好听的话没有人会不愿意听，或者是拒绝听，几乎所有人都喜欢真诚与温和的交往态度，虚情假意往往不招人待见。

人的天性如此，所以，恰当地运用互逆思维让他人喜欢上你，彼此相悦，实在是件很美好的事。

钥匙理论：真心，赢得共鸣

在一座非常厚实的城门上，挂着一把沉甸甸的大锁，并且它是锁着的。铁棒和钢锯都争先恐后地想要将这把巨锁打开，借此来展示自己的本领。糙重的铁棒自以为力大无比，可以很轻松地使用自己的力量开锁，便一会儿撬一会儿砸的，结果费了九牛二虎之力，也没能将大锁打开。钢锯看到后便笑了起来，对铁棒说这样不成，必须要懂得巧干，不能使蛮力，说了句"看我的"，便拉开了架势锯起锁来。只见它左锯锯右拉拉，巨锁却压根没有反应，纹丝不动。于是，钢锯也泄气了。

就在铁棒和钢锯都垂头丧气之时，一把毫不起眼的钥匙突然不声不响地出现在了它们的面前。"要不让我来试试吧！"小钥匙对受挫的两个大块头说道。气喘吁吁的败将铁棒和钢锯闻言后，都仔细打量了一番面前这个弯曲扁平的小东西，很是不屑一顾，认为小钥匙肯定不行。在铁棒和钢锯的嘲讽声中，钥匙却轻而易举地钻进了锁孔之中，巨锁"咔嚓"一声打开了。面对铁棒和钢锯的惊诧和不解，钥匙从容地回答道："我能打开门锁，是因为我最懂得它的心。"

是啊，人与人交往，贵在"交心"，唯有真心，才能赢得对方的共鸣，这便是心理学上的"钥匙理论"。这一法则即是潜意识的初探行为：以己为锁，以对象为钥匙，唯有钥匙，才能开启锁之心门。

成语"对症下药""量体裁衣""因地制宜"等，都是钥匙理论的应用。

东汉末年的名医华佗，少时便游学在外，四海行医，医术相当精湛。他医术全面，精通内、妇、儿、针灸各科，尤其擅长外科，手术高超，被后人誉为"外科鼻祖"。其诊断之准确，在当世乃至我国医学发展史上都有着极其重要的地位。

神医华佗的一大特点，在于给不同的病人看病时，会根据症状的差异开出不同的处方。

某天，州官倪寻和李延同时出现在了华佗的医馆内，他俩都说得了头痛发热的毛病。但华佗在分别给二人把脉之后，却给倪寻开了止泻之药，而给李延开出了治发汗的药。

两人拿着药方大惑不解，认为彼此的患病症状相同，那病情就应当是一样的，于是询问华佗为何让他们吃不一样的药。华佗便解释道，他俩只是在症状表象上相同而已，实际上倪寻是因内部伤食而引发的不适，而李延却是由于外感风寒致病，由着凉所引起，有着本质上的区别。得病根源不同，自然须对症下药，开不同的药物处方。听了华佗的话，倪寻和李延才恍然大悟，按照处方抓药煎服后，没过多久，两人的病就都痊愈了。这个故事便是成语"对症下药"的由来。

外面复杂的世界，让我们很多时候不由自主地充满警戒，就像给内心上了一把锁，阻碍他人进入自己的内心世界。人与人的交往，很大程度上是一颗心与另一颗心的碰撞，只有真心，才是开启对方内心世界的钥匙。

"交心"，意味着尊重和理解对方的真实感受，懂得对方的内心需要。如果他渴望温暖，那就给他温暖；如果他害怕孤独，那就给他慰藉；如果他有所担忧，那就为他消除疑虑，让他感到安全可信赖；如果他需要倾听，那就安静地做个听众；如果他需要安静，那就给予他空间，不给他不必要的烦扰。必要时，你可以用温和轻柔的语言，入情入理地轻轻拨动他内心那根善感的心弦，通过观察他的心理状态和情绪反应，一步步用真诚打开他的心理症结，最终轻松瓦解对方的防御，成为交心知情的朋友。

尤其是当你遇到一个陌生人时，或许一个暖心的微笑，一句真诚的话语，一个体贴的动作，便能获得对方的好感，融化彼此沟通的坚冰，如钥匙入锁，轻松开启交往之路。那些人际关系融洽，与人交往十分和谐的人，势必都是懂得运用"钥匙理论"精髓的人。他们明白，与不同性格的人相处，需要采取不同的交往方式，但无一例外地都能形成情感上的同频共振，让彼此都感到舒适。但不变的是一颗真心，只有真心待人，才能真正赢得共鸣，打开通往顺畅人际交往之路的心锁。

沉默的螺旋：有效表达自己

1974 年，德国女传播学家伊丽莎白·诺埃勒－诺依曼在《传播学刊》上发表了一篇论文 |——《重归大众传播的强力观》，文中依据她的多年历史研究基础和民意调查实证研究经验，提出了"沉默的螺旋"一词。实际上，它是一种描述舆论形成的理论假设。

1980 年，德文版的《沉默的螺旋：舆论——我们的社会皮肤》一书中，诺依曼对"沉默的螺旋"理论进行了全面概括。此后，该理论便成为了广为人知的政治学和大众传播理论。根据"沉默的螺旋"理论，存在着这样一种现象：当一个人表达出自己的观点和想法之后，会观察他人聆听后的反应。若自己所赞同的观点被广泛认可，受到众人欢迎，那么自己的参与积极性就会得到激发，让此类观点不断得到传播和扩散；相反，如果某种观点不被人重视，无人问津，甚至遭到贬斥和反对，那么即便自己赞同它，也会下意识保持沉默，以免与他人发生争执和不快。如此，受到众人认同的观点便会不断蔓延，三人成虎般得到大量传播，而众人不认可的观点却会越来越被湮没，循环往复之下，强化成一个螺旋式的发展过程。

"沉默的螺旋"描述的是极不平衡的倾斜着的天平两端，一方越来越强大，力道重重向下，而另一方越来越微弱，轻飘飘向上。当然，这一理论有一个假设条件：大多数人都会竭力避免因为独自持有某种信念、观点、意见、想法、态度等而被他人孤立的情况，不想自己成为他人眼中的"异类"，也就是我们所说的"从众心理"。

起初，"沉默的螺旋"来源于德国两党选举中映射出来的一个事实。1965 年，德国阿兰斯拔研究所专门对即将到来的德国大选进行了观察和分析。研究过程中，他们发现基督教民主党和社会民主党两大政党在竞选中支持率经常是不相上下，难分伯仲。模型第一次预估的结果出来后发现，两党均存在获胜的可能性。想不到的是，半年后，距大选只有两个月的时间里，基督教民主党和社会民主党之间的获胜比率变为了 4:1，这对基督教民主党的大选声势产生了积极作用。大选前最后两周，基督教民主党的支持率又提升了 4%，而社会民主党的支持率则下降了 5%，使得最后在 1965 年的正式大选中，前者以领先 9% 的优势获胜，成为新一届执政党。本次大选所带来的困惑及其围绕它展开来的解释，就逐渐发展成了诺埃勒 – 诺依曼提出的"沉默的螺旋"概念。

它建立在对人类的社会从众心理和趋同行为进行研究的基础上，认为观点的力量是来自于社会的本质，人是群居动物，都具有社会属性。个体对孤立的恐惧，使得发表意见前会先根据大多数人的意见做出反应，如果发现自己和大多数人意见都不同便会选择沉默，越是意见不被认同便越会选择沉默。

"沉默的螺旋"存在，说明人们害怕被群体孤立，不敢或不太愿意表达出自己的真实想法。实际上，这会让人变得不会有效表达自己。大文豪鲁迅说过："不在沉默中爆发，就在沉默中灭亡。"新兴的互联网和移动互联网时代，随着新媒体环境的出现和变迁，尤其是自媒体热潮的喷发，微博、微信、短视频等迅速崛起，在"沉默的螺旋"提出四十多年后，理论也越来越多地出现了失效的语境。

该理论表述的是一种心理状态，人们会大胆地表达受到大多数人支持的观点，但会因观点只受少数人支持而保持沉默。长此以往，"多数"意见会出现滚雪球之势，"少数"意见会相对无处发声，成为一个螺旋形态，并不利于人们表达自己某些真实的意见。

新媒体语境下，我们或多或少地开启了"反螺旋理论"的历程，少数人会选择拒绝沉默，利用网络渠道，发表自己心底的声音，有效地表达自己，激起了一朵又一朵水花，甚至与"多数意见"形成对抗，扭转了舆论。

虽然"沉默的螺旋"揭示出了大众传播媒介在形成或引导舆论方面所起的作用，及舆论形成的传播机制，被中外绝大多数传播学者奉为无可怀疑的定律，但我们也必须看到，真理有时候不一定掌握在大多数人手中，社会应当鼓励个人意见的有效表达，而不是扼杀、阻止有创见的观点发声。真正有着独立思想的个体，一定是勇于表达自己的。

首因效应："第一印象"很关键

日常生活中，我们经常发表"人靠衣装，美靠靓妆"之类的观点，尤其是在教育人的时候，会说明与陌生人初次见面时，穿衣打扮、言行举止给他人留下好印象的重要性。你给人的第一印象如何，的确是相当关键的事。心理学上有一个专有名词"首因效应"，或"首次效应""优先效应""第一印象效应"，用来描述这一现象。

所谓首因效应，就是指交往双方所形成的第一印象对日后彼此关系进展的影响，也即"先入为主"产生的作用。也许第一印象不一定是正确的，毕竟也有很多人会在第一次见面时刻意地掩饰缺点而把自己最好的一面呈现出来，但不能否认的是，它却会最鲜明、最牢固地存在于对方的脑海中，且决定着双方能否有更进一步的交往。

如果一个人在与他人见第一面时给人留下的印象良好，比如彬彬有礼、体贴周到，那他人就会乐意和他继续交往，增进相互之间的了解，从而强化人们对他今后系列行为和表现的解释。也就是说，如果你给人的第一感觉非常好，就像男女之间的一见钟情，那接下来的相处就会融洽许多。而如果一个人在初次相见时，言行举止不当或外表让对方不太有眼缘，就容易招致反感，就算因各种原因不得不继续接触，也会显得比较淡漠，互相难以成为朋友，甚至会不由自主地在心理上和实际交往中产生对峙情绪，让双方关系越来越恶化。

1957 年，美国社会心理学家洛钦斯（A.S.Lochins）通过一个实验首先证明了上述现象，并提出"首因效应"的概念。

实验中，他编撰了两个故事，用以作为实验的材料。故事都描写了一个叫詹姆的学生的生活情景，但不同的是，一个故事中詹姆被塑造成了性格外向的人，为人热情好客；另一故事中，詹姆被描述成十分内向的人，为人冷淡而难以接近。

这两段故事分别是：

1. 詹姆走出了家门，准备去买文具。他和两个朋友一起走在马路上，阳光明媚，他们边走边沐浴在灿烂的阳光中。当他走进一家文具店，看到里面挤满了人，店员正忙碌不堪时，便先耐心地等待着，一边和一个熟人闲聊。当他买好文具，走在回家途中时，又遇到了熟识的人，遂停下来和朋友微笑着打招呼，然后步伐轻快地走向学校。路上，他又遇上了一个前晚刚认识的女孩子，就停下来交谈了几句便分手告别了。

2. 放学之后，詹姆一个人走出教室，离开了学校。回家的路上，阳光分外耀眼，他独自走在马路阴凉的一边，看到前方迎面而来的前晚遇到的漂亮女孩，他却低下头擦肩而过，没有勇气上前打招呼。当他穿过马路，进到一家冷饮店时，里面挤满了学生，他看到好几张熟悉的面孔，于是便独自在角落里安静地等待着，直到引起柜台服务员的注意才将饮料买好。坐在一张靠墙根的椅子上喝完饮料后，他就回家去了。

然后，洛钦斯将两段故事进行了如下的四种排列组合：

第一种，描述詹姆性格热情外向的故事放在前，性格冷淡内向的故事放在后；

第二种，描写詹姆性格冷淡内向的故事放在前，性格热情外向的故事放在后；

第三种，只出示那段描写詹姆热情外向的故事；

第四种，只出示那段描写詹姆冷淡内向的故事。

四种不同组合材料，被洛钦斯分别发放给四组水平相当的中学生阅读，并要求学生们对詹姆的性格进行评价。结果显示，第一组学生中 78% 的人认为詹姆是个比较热情而外向的人，第二组学生中有 82% 的人认为詹姆是个冷淡而内向的人；第三组学生中 95% 的人认为詹姆热情而外向，第四组学生中高达 97% 的人认为詹姆冷淡而内向。

这一研究充分证明了首因效应的存在。若第一印象让人形成肯定的心理定势，将会使人在后继交往中更乐于发觉对方的美好品质，反之则会让人多偏向于产生对对方的嫌恶。所以，第一印象对人际交往的开展非常关键。

我们在交友、求职、招聘等社交活动中，应当积极利用首因效应，树立良好的自身形象，为以后的深层次交流打下基础。不过，这只是一种暂时性的行为，日后在进一步交往中需要不断提升自身在言谈、举止、礼仪、修养等各方面的素质，否则会导致产生"近因效应"的负面影响。所以说，打造良好的"第一印象"，应当看作是长期而持续的事。

刺猬法则：合适的距离产生融洽

生物学家曾经做过一个很有趣的试验，用来研究刺猬的生活习性。

在寒冷的冬天里，十多只又困又倦的刺猬被放到了室外的空地上。它们都冻得瑟瑟发抖，为了暖和一点，只好互相紧紧地靠在一起入睡。但靠拢之后却怎么都感觉不舒服，因为它们身上都长满了尖刺，一旦紧挨在一起，尖刺就会刺痛对方，以致睡不安宁。于是，它们又只好各自分开来睡。

然而天气实在太冷了，互相隔着一段距离的刺猬们不得不重新靠在一起取暖，但刺痛又迫使它们再度分开。靠得过近，会被刺得很痛；离得过远，却又冻得不行。如此反复折腾数次，不断在受冻与受刺之间挣扎的它们，最终找到了一个适中的距离，既可以彼此取暖，又不至于刺伤彼此。

这个实验验证的就是著名的"刺猬法则"，也即人际交往过程中的"心理距离效应"。

心理学家还做过这样一个实验。清晨，大学图书馆一个刚开门不久的大阅览室中，当里面只坐了一位阅读者的时候，测试者便走进去坐在那人身旁，来观察对方的反应。因为被测试者不知道是在做实验，大部分情况都是被测试者迅速离开原来的座位，去坐到别的远离测试者的地方，还有人直接向测试者发问："你想干什么？"

该实验一共测试了整整 80 个学生，但无一例外，所得到的结果都是相同的：一个仅仅只有两个人的空旷阅览室中，所有的被测试者都无法忍受一个陌生人坐在紧挨着自己的位置上。被陌生人靠得太近，心里会产生不自在的感觉，压迫感使得被测试者自然而然地想要远离。

我们也常常会有这样的经历：同在一个屋檐下的人，哪怕关系再亲密也会时不时地发生一些摩擦和矛盾，反倒不像最初那般和谐。不少家庭纠纷、情侣争吵，都是此种情况的表现。按理说走得越近、关系越亲密，就会相处得越融洽，但很多时候事情却并非如此。

一个你原本非常有好感、非常钦佩的人，一旦过从甚密，对方的缺陷就会点点滴滴地暴露在放大镜下，并且时间越久，暴露得越多越彻底，这时你会不免惊讶："他怎么会是这样子的。"不知不觉中，你会消磨掉原来对他的喜爱或崇敬之情，产生失望情绪，甚至变得厌恶对方。无论是亲人、同学、朋友、师生之间，概莫能外。

人世间很多的矛盾，都是因为违背了"刺猬法则"引起的。那些好到"同穿一条裤子"的朋友，那些如胶似漆、海誓山盟的恋人，那些相互扶持、同舟共济的创业者，最后往往是不欢而散，从此各奔东西。

所谓"距离产生美"，现实生活中，人和人之间是需要保持一定空间距离和时间距离的。如果两个人的相处没有任何距离可言，不分彼此，没有私密的空间，当恩惠变成恩宠时，一切便都会变味，曾经的感情有多深，最后就会闹得有多不愉快。

就像老子说过的一句话：大曰逝，逝曰远，远曰返。刚极易折，情深不寿，再炙热的感情，如果不加以节制，都会有消弭的那一天，这也是宇宙中万事万物运行的基本规律。

距离，有着很神奇的魔力。当你远离所爱时，它会是一种希冀，一种期待，让你一日不见如隔三秋，不顾一切想要奔赴爱人的身边；当你和亲朋天天相处在一起时，它又会产生无形的隔膜，让你感到压抑，感到厌倦，久而久之就想要逃避和远离。

只有合适的距离，才能让人际关系相得益彰。"君子之交淡如水"，人与人之间最好的关系，在于懂得欣赏彼此的优点，也能够包容彼此的缺点，体谅对方的难处和不易，然后彼此相互扶持。也许不是每天都在一起，但当对方需要帮助的时候，可以第一时间伸出援手；当对方忧伤难过的时候，可以给予适时的安慰和鼓励。明白对方真正想要的，是一种默契，也是一种美好。

我欣赏你，你也欣赏我，但我们始终保持着一定的距离，这才是最美的距离。我们都是凡夫俗子，在人世间流连辗转，为生活而奔忙，就得适应人世间的交往规律。

合适的距离才能产生融洽，刺猬效应带给我们的启示，是需用距离来节制爱，成就最恰当的爱护与情谊。不必靠得太近，我们始终需要各自的私密空间；也不必离得太远，一个转身的距离就已足够。

投射效应：避免主观猜度别人

《庄子》中记载了这样一个故事：上古时期，帝尧到华山一带视察，当地的老百姓便用"长寿""富贵""多子"之类的词语向尧表达祝福，然而帝尧却拒不接受。大家都很奇怪，问他道："人人都喜欢受到这样的祝福，为什么你却不喜欢呢？"帝尧回答道："长寿则多辱，多子则多惧，富贵则多事，未必见得一定是好事，所以我不喜欢。"

华山人的想法，在心理学上被命名为"投射效应"，指将自己的特性归因到其他人身上的倾向。当一个人具有某种认知和想法时，便认为他人也会有与自己相同或相似的认知和想法，从而将自己的特性、情感、意志、观点、意见、信仰等也投射到他人身上，并且强加于人，造成推己及人的认知倾向障碍。譬如，一个心地单纯善良的人，通常不会将别人往坏处想，则可能落入到骗子精心设计的陷阱中；而一个天性多疑、诡计多端的人，则会时刻觉得别人在算计他，难免"以小人之心度君子之腹"，总是怀疑这怀疑那的，对谁都不相信，身边没一个真心的朋友。

因为人的心理特征千差万别，哪怕是"福、禄、寿"这样被大多数人称赞的祝词，也是不能随意"投射"给所有人的。华山一带的人认为长寿、富贵、多子都是好事，便想当然地觉得帝尧也是这样认为的，但其实帝尧根本不是这样想的。实际上，这犯了主观主义的错误，导致思维出现片面性。

北宋大词人苏东坡与佛印和尚是一对好友，两人经常交流佛法。有一天，苏东坡兴致忽起，来到佛印处拜访。相对而坐后，苏东坡就对佛印开玩笑道："你看起来像一堆狗屎。"佛印听后却微微一笑："你在我看来却是一座金佛。"觉得自己占了便宜的苏东坡，有些自鸣得意地回到家中，顺便向苏小妹提起了此事。本以为妹妹会夸奖自己，谁知苏小妹却道："哥哥你错也！"她告诉苏东坡，佛家有云"佛心自现"，别人在你眼里是什么，便意味着你在自己眼中是什么。苏东坡瞬间感到了尴尬和羞愧。

投射效应本质上属于一种认知偏差，以己度人，时常造成一些不必要的矛盾、误会、错误等，生活中这样的例子很常见。在我们的印象中，东北人普遍人高马大爱打架，当你真正去到东北的时候，并且恰好遇到东北人当街斗殴，此时你的大脑里就会激活关于"东北人脾气火暴"的认知，并得到强化。心理学认为，对一个人的印象认知，"投射效应"会起到很大的作用。

这世界上没有无缘无故的爱，也没有无缘无故的恨。投射效应使得人们总是倾向于按照自己的喜恶来评判他人，而非根据他人的真实情况来客观、公正地认知。当自身与他人的特征表现相像时，并非一定是自身知觉准确，而更可能是两人本质上具备某种相似性。

这一效应存在两种表现形式：一是感情上的投射，喜欢认为别人有与自己相同的好恶，进而试图用自己的思维方式去影响他人；二是认知本身有偏差，缺乏客观性。

虽然人与人之间存在一定的共性，有着吃、喝、玩、乐等相同的欲望和需求，很多情况下人们对他人所做出的推测也会是比较准确的，但同时应看到共性之外还有个性，不能以为你是这么想的，别人就一定会这么想。如果投射效应过于放大，以己之好恶度人之好恶，就难以真正了解别人，从而也就无法真正认识自己。

不要随随便便将自己的性格、爱好、品质强加到别人身上，不要以自己的标准为标准去衡量他人，因为这样会使评价的客观性打上折扣，产生相似性误差。要克服投射效应所产生的严重认知问题，在复杂的人际关系中，要辩证地、一分为二地认识自己和认知他人，避免主观臆断，不盲目猜度别人，让对他人真实想法的判断更客观和准确。

当投射正好与对方产生情感上的共鸣、心理方面的默契时，就会成为彼此关系的润滑剂，形成正确投射，博得他人的喜欢、赞赏、信任与支持，促进人际交往的顺利展开，以及获得事业上的成功。

自我暴露定律：适当暴露，赢得知己

自我暴露，是社会心理学中一个相当重要的概念，尤其在人际交往研究领域，是颇受人关注的问题之一。

何谓自我暴露？直白地讲，就是一个人自发地、有意识地打开天窗说亮话，向别人掏心窝子，不加掩饰地表达自己，将自己重要且真实的信息透露给他人。概言之，即为"个体把与自己有关的东西告知给另外的人"，与他人分享自己的信仰、认知、感受、观点、意见、判断、想法、渴望、喜恶、目标、梦想、成败、恐惧等，以让他人更多地了解自己。

Jourard 在 1958 年时最先提出了"自我暴露"的概念，并编制了一个量表来测试一个人的自我暴露程度。自我暴露既可以存在于个体之间，也可以存在于群体之间，具有一对一、一对多、多对多等各种形式，传递的信息可以是描述性的，也可以是评估性的。

心理学家奥特曼认为，和谐的人际关系是在自我暴露不断得到增强的过程中建立起来的。现实生活中，当我们与他人的交往逐渐增多，互相的信任度和亲密感提高，双方的自我暴露情况就会出现得越频繁。这时，我们会从对方身上看到比以往多得多的真实特性，无论是优点还是缺点。

然而，两个原本不怎么熟识的人，要从点头之交成为无话不谈、可以推心置腹的好友，并非是一件很容易的事。很多时候，朋友之间、恋人之间关系的土崩瓦解，也不一定是对方犯了什么错，彼此发生了争吵、矛盾等不愉快的事，而是因为缺少联系和沟通，让原本很好的两个人感情渐渐退温，关系变得疏远起来。尤其当相互之间的关系缺乏必要的日常维系（如工作、婚姻或其他活动），友情、爱情等就容易走向淡化。

所以说，两个人之间适当地自我暴露，反而有助于激发心灵的碰撞，表达出内心最真挚、最深处的意见和希望，分享对于美食、音乐、电影、书籍等方面的爱好，通过这样的方式来建立和加强彼此之间的关系，赢得真正的知己。

很多人都会根据自我暴露的深度和广度来判断两人之间关系是不是很亲密，持续而深入的自我暴露，会促进量变到质变的转换。根据人际交往的自我暴露程度，有研究人员将自我暴露分成了4个层次：

第1层次：情趣喜好方面的暴露，比如生活习惯、兴趣爱好等；

第2层次：态度、看法方面的暴露，比如对政府政策、重大事件、某名人明星、亲朋好友或同事等的看法；

第3层次：自我意识和人际交往状况的暴露，比如自己的情绪波动、社会关系、与亲朋的关系等；

第4层次：个人隐私的暴露，涉及自己不为人知甚至难以启齿的秘密，与世俗不太符合的一些态度、想法、行为等。

从浅层次的信任和自我暴露开始，随着双方的亲密程度不断加深，感情逐级升华，自我暴露的层次也就越高，这被称作是自我暴露的"贴近效应"。

在不同的场合下，自我暴露的模式也会不同。正式的初次会面社交场合，主要是第1层次的基本信息暴露；政策研讨会、咖啡馆中较随意的朋友交流等，经常会涉及第2层次的看法方面的暴露；与好友互诉衷肠时，时常会进行自我意识和人际交往状况的暴露，也就是第3层次的暴露；热恋期的情侣从恋人步入婚姻，个人隐私会暴露得越来越多，也就是第4层次的暴露。

但不是所有的暴露都是好的，很多时候，过早地自我暴露都会遭到人的反感，让人感到不适。就像一个刚认识的人向你大吐真心，频频示好，你反而会怀疑对方的真实动机，甚至想要避而远之。

关注自我暴露的话题，不仅因为它深刻影响着他人如何看待我们，也影响着我们如何看待他人。我们通常都希望他人能够喜欢自己，便会将自己的一些"小秘密"暴露给他人，但是否真的能奏效，是需要有个度的把握的。不可过之，也不可不及，当我们对他人袒露内心真实想法时，一定要注意适当性。实际倾诉的过程中，可以根据倾听者的肢体语言、专注程度、神态神情及回应时机等判断对方的反应，正确表达自身想法和观点，掌握自我暴露的艺术，让双方的关系得到良性的维系和发展，成为互相信任、欣赏、支持的知己。

刻板效应：不让现在为过去买单

罗贯中的《三国演义》中有一个情节，曾经与诸葛亮齐名的庞统前去东吴拜见孙权，孙权见庞统长得"浓眉掀鼻，黑面短髯"，觉得长相太古怪，心中不喜欢，便打发他走了。庞统又去拜会刘备，刘备见到他后也觉得他面目丑陋，感到不高兴。孙权和刘备都因为庞统长得丑而产生不悦情绪，实际上便是刻板效应的负面影响在发生作用。

很多人可能对刻板效应这个词并不熟悉，毕竟它是书面语言，但实际上刻板效应在生活中随处可见。比如说，我们一般会认为知识分子文质彬彬、商人比较精明、军人纪律性强、农民朴实无华等，其实都是脸谱化的看法，在脑中形成了较为固定、刻板的印象。不仅是职业，年龄、性别也会成为刻板效应对人分类的标准。从年龄上来说，我们总是形容少年如"初升的朝阳"，充满朝气，年轻人上进心强，有拼劲有志向，而一提到老年人，难免用"暮气沉沉"来形容，认为老年人墨守成规，缺乏进取心。从性别上来讲，我们通常认为男人阳刚气足，善于开拓事业，而女人温柔婉约，爱好整洁，心思细腻。因为刻板效应的存在，我们在认知某人时，会将他（她）的一些特征归属到某一类群体中，然后把这一类群体的典型特征归属到他（她）身上，以此来认知他（她），这也是俗话说的"贴标签"。

刻板效应又称为刻板印象，是指对某个群体所产生的固定看法和评价，并对属于这一群体的个人也给予同样的看法和评价。我们常常习惯于将人进行机械性的分类，把某个具体的人或事当成是某一类人或某类事的典型，把对某类人或事的评价当成对某个具体的人或事的评价，从而以偏概全，影响自身做出正确的判断，如果不及时纠正，将会造成认知上的扭曲。

虽然刻板印象可以让我们在一定范围内和一定程度上对人与事进行判断，不用探索新的信息，便于迅速洞察到基本情况，能够节省时间和精力，但却很容易形成偏见，认为某类人如何如何，则某人就一定也会如何如何。这样会忽略个体的具体情况，只关注共性而看不到差异性。

事实表明，人们不仅会对生活中真实接触过的人产生刻板印象，甚至会因一些道听途说而对未接触过的人产生刻板印象。所以，社会上的刻板效应主要是通过两个途径形成的：其一，与某人、某事或某群体接触，将其特点进行固化；其二，在他人提供的间接信息影响下形成。第二点便是刻板印象形成的主要因素。

著名数学家华罗庚讲过这样一个故事：一个黑色的袋子放在我们面前，我们需要伸手去摸里面有什么样的东西。当第一次我们摸出了一个红色的玻璃球后，第二次、第三次、第四次还是同样摸出了红色玻璃球，此时我们就会想，下一次从袋子里摸出来的一定还会是红色玻璃球。可第五次我们摸出了蓝色玻璃球后，我们仍旧会想当然地认为里面装的都是玻璃球，只是颜色不同而已。可是，当继续摸下去时，却摸出来一个塑料球，但我们免不了认为袋子中都是球。如果再摸下去呢？

这个故事十分形象地说明了刻板印象所引发的思维定势，当人生活在一定的环境之中，长久下去，就会形成一种固定的思维模式，让我们习惯从固定的角度去认知人和事。物以类聚，人以群分，刻板印象有一定道理，但人心不同，各如其面，我们要对遇到的人和事有正确而客观的认识，还需拨开刻板印象的云雾，学会用"眼见之实"去核对"偏见之词"，有意识地寻求与重视不同于刻板印象的信息。

刻舟求剑的故事我们都听过，生活与工作中，注意克服刻板效应带来的困扰，是我们应当做的。社会在不断发展变化，逝者如斯，不能用一成不变的眼光看待我们所处的世界。如果让过去来为未来买单，只会得不偿失。凡事要敢于尝试，敢于打破陈规，只有我们具备"初生牛犊不怕虎"的果敢和坚毅，才能向刻板效应说不，才能让无限的想象力和创造力推动我们走得更远，走得更正确。

互惠定律：人情，讲究你来我往

每逢春节回家，欢欢喜喜过大年的时候，大人们总免不了要发红包。那么问题来了，如果亲戚给你的孩子送了一个 500 元的红包，那你该给对方的小孩多少红包才合适呢？中国人讲求礼尚往来，不出意外的话，你的红包起码会是 500 元或多出一些，而不会比 500 元少。生活中，我们很多时候都会碰到类似包红包的情形，例子中的处理方法也就是心理学所说的"互惠定律"，描述的是一种人情交换常识。

互惠定律认为，我们应当尽量以相同的方式来回报他人为我们所做的一切。也就是说，一种行为应当用类似的行为给予回馈。然而，"类似行为"包含的范围相当广泛，在这一范围内究竟应当采取怎样的行动，却是一件见仁见智的事，没有一定的规章可循，需要加以灵活运用。因为一个小小的人情债而引发超额回报的事情也是时有发生的。

对有感恩之心的人来说，受人恩惠就要回报，甚至"滴水之恩，当涌泉相报"。人类社会中，这是不可或缺的元素，否则社会就难以发展，人类就难以进步。对于别人的付出，我们总觉得应该给予对方平等或稍高一点的回馈，如果不这样做，我们的心里就容易产生一种"负债感"。也就是说，欠下别人的人情债，那就得懂得"还人情"，不然你就会成为他人眼中忘恩负义的人，从而无形中让人背负了某种道德压力。

因为互惠定律意味着我们在与他人分享某些东西的时候，可以明确人情是不会被遗忘的，先心安理得地坦然受之，日后再同等或加倍还之。它让我们答应某些在没有负债心理时一定会拒绝的请求，人情讲究的是你来我往，如果只有"你来"没有"我往"，久而久之，关系就会变味，也难以长久地持续。

给予则当被给予，剥夺则当被剥夺；信任则当被信任，怀疑则当被怀疑；爱则当被爱，恨则当被恨。人生而有感情、有理智，而感情则占据了七分重。"士为知己者死，女为悦己者容"，像历史上的荆轲那样的豪侠义士，为报答他人的知遇之恩，便不惜生命，为朋友赴汤蹈火、在所不辞，其所体现的大义精神，永远为后世之人钦佩和感动。

互惠定律的威力在于，即便一个陌生人，哪怕是不讨喜、不受欢迎的人，如果先施与一些小小的恩惠给我们，然后再提出自己的需求，那么我们答应对方所求的可能性便会提高。所谓"受人之托，忠人之事"，便是如此。哪怕让我们产生负债感的恩惠并不是主动要求的，而是被迫加到头上的。吃人嘴短，拿人手短，不请自来的好处，也会让负债感如影随形。我们接受恩惠的义务感会对选择能力产生削弱，也会因负债而将主导权转移到施惠的人手里，由此造成"恩惠"与"回报"的不对称，这是互惠定律的弊端。

不过，通常情况下，我们都应看到的是互惠定律带来的美好一面。我们每个人都需要预先设定好给他人的印象，希望带给他人什么样的感觉，并照着设定来约束自己的行为。譬如，我们希望在他人眼中是正直善良、勤奋诚恳、温和细致的人，那么在行为表现中，我们就会朝这个方向去做。

如果我们能够满足别人的某些需求、不同的需求，甚至是更多的需求，反过来，别人也会因为你满足了他的需求而回报于你。生命就像是一种回声，送出什么就会收回什么，给予什么就会得到什么。你怎样对待他人，取决于他人如何看待你，这是人际关系的普遍真理，向上之路的路标。想要在人生各方面获得最好的收获，就应当掌握人际关系最核心的"秘密"，对他人，你帮助越多，得到的就会越多，越吝啬就会越一无所得。爱他人，就是爱自己的表现，正如世界销售大师金克拉之言："若你能帮别人梦想成真，那你自己一定可以心想事成。"

懂得运用互惠定律，寻找到最合适的方法，做一个美好的发现者，多付出、多给予，赠人玫瑰，方能手有余香，让人情在你来我往中得到升华，是对人性最好的遵循。如此，成功也将不期而至。

第五章

懂点经济学

　　这章内容不能让你成为经济学"大咖"，但我同样知道，你对过于深奥的经济学也不一定感兴趣，世界也并非只有与经济相关的行业。但我相信，当你看到这章内容的时候，不会太过失望。

　　因为这章内容写的是如何让你更加理解这个世界。

公地悲剧："公共"惹的祸

1968 年，《科学》杂志上刊登了一篇文章《公地的悲剧》，英国知名学者哈丁（Hardin）在文中提出了在经济学上影响深远的"公地悲剧"概念。

设想一下，如果有一大片肥沃的公用草场，整个村庄的牧民都可以在上面放牧，不难预见的是，在这种情况下，每个牧民都会尽可能地将山羊赶到公共草场上去放牧。只要没有人偷羊，也没有疾病肆虐，且山羊的总数不超过草场的整体承载力，草场不被消耗殆尽，这件事就是行得通的。但是问题来了，关于公地的美好想法，往往在现实中变了模样，演变为"公地悲剧"。为什么呢？

假设每个牧民都是理性人，都会想多养一只羊来增加个人收益，试图让自己的利润最大化。私利驱使下，哪怕明知草场上放牧的羊群数量已经足够多了，再继续增加必然会使草场质量下降，但牧民们还是会忍不住继续增加更多的山羊，由此不断提高养羊获取的收益。因为草场是公用的，过度放牧的害处是由村庄的所有牧民承担，平摊到每个牧民的身上损失就会小得多。从牧民的角度看，将更多的山羊赶到公地草场放牧是理性的。

于是，当人人都如此思考，再来一头，再来一头时，"公地悲剧"就不可避免地发生了——土壤肥性流失，草场持续退化，最后再也无法养羊，所有牧民只能破产。

15、16 世纪的英国就有过这样的土地制度。草地、森林、沼泽都是公共用地，每位封建主也都在自己的领地中划分出一片没有被耕种过的土地作为公共牧场（也就是"公地"），无偿向牧民们开放。由于是免费放牧，导致每个牧民都养了尽可能多的牛羊，牛羊数量无节制地增加使得公共牧场严重超负荷，最终土壤流失，成为了不毛之地，牛羊也全部活活饿死。原本看上去是一件幸福的事，就这样因为"公地"而以悲剧收场。

随着英国对外贸易的发展，大量羊群进入公共草场，使得畜牧业一时繁荣，但"公地悲剧"的出现使得繁荣终结，一些贵族便运用暴力手段非法获得大量土地，逐渐用围栏将公共用地圈了起来，将之据为己有，也就是我们中学历史课本上学到的臭名昭著的"圈地运动"。"圈地运动"迫使无数农牧民失去赖以维持生计的土地，导致血淋淋的"羊吃人"事件。

公地因为其公共属性，作为一项资源或财产，会有很多人具有占有权和使用权，并且没有任何一个人有权力阻止其他人使用，只要人人都倾向于过度使用公地，就会自然而然地造成资源的耗尽。我们经常看到森林被过度砍伐以致沙漠化，渔业资源过度捕捞致岸线生态受损，河流和空气污染严重，二氧化碳过量排放，公共厕所脏乱差，等等，都是"公地悲剧"的典型案例。称之为悲剧，是因为每个公地的所有者都明白资源会因过度使用而耗竭，却都对阻止事态恶化无动于衷、无能为力。谁都想及时捞一把，最后却是谁都讨不到便宜。

区域经济学、跨边界管理等学术领域经常会用到"公地悲剧"的概念，它是公共物品的产权难以界定而被无序竞争下的过度使用或侵占造成的必然后果。而这一切，都是"公地"惹下的祸。

对此,厄普顿·辛克莱说得一针见血:"如果某人的收入取决于不理解某事,那么,要让他理解就会很难。"

在集体利益和公共财产面前,我们总是倾向于无节制地过度使用,来为自己谋取私人利益,从而产生资源浪费。实际上,"公地悲剧"是亚当·斯密那只"无形之手"的对立面,要解决"公地悲剧"问题,还得依靠政府这只"看得见的手",将公地归属确权,进行私有化,或者加强管理,来防止私人享用"免费午餐"时的狼狈景象——无休止地掠夺。

对于公共资源,能够确立产权的,政府应当尽可能地将所有权明晰,制定相应的法律法规,明确权利和义务,促进资源的最佳配置和使用。而像大气臭氧层、卫星运行轨道、公共海洋等无法私有化的东西,则有必要加强管理,进行制度建设和改革,最大限度避免"公地悲剧"的发生。

外部效应:政府为什么发补贴?

西方经济学史上,英国经济学家马歇尔和庇古在 20 世纪初时提出了"外部性"的概念,也称外部效应、溢出效应、外部影响、外差效应或外部经济,用来描述个人或群体的行动和决策对另一个人或群体造成的损益情况。

从经济学的角度来讲,外部效应是指一个经济主体(生产者或消费者)从事经济活动时,对其他经济主体和社会的福利产生了有利或不利影响。这种结果是非市场化的,一方给另一方带来的收益或损失，本不应该由作为社会成员的组织和个人完全承担，是一种经济力量对另一种经济力量的"附带"影响。

根据外部效应所造成的后果，可以分为正外部性和负外部性两种。正外部性是某个经济主体的活动行为给他人或社会带来了益处，但受益方却不需要花费任何成本或代价；负外部性是某个经济主体的活动行为使他人或社会受到了损害，但却没有因此承担任何成本。也就是说，好的、积极的影响就是正外部效应，坏的或消极的影响就是负外部效应，两者是相对立的。

任何一种经济活动，通常都会产生相应的外部性影响，这里我们来看一下日常生产和消费活动中，厂商、个人所造成的正负外部性例子。

1. 负外部性

生产方面，某地的化工厂在生产过程中会排放大量的废水、废气等污染物，对当地环境造成了严重的破坏，就是一种负外部性的体现。这不但会让当地的居民呼吸到有毒的空气，接触到被污染的水源，对身体健康造成损害，政府还会为此花费环境污染治理的巨大成本。

消费方面，某人在家中养了一只狗，但狗却喜欢在晚上不停地乱叫，并且天天如此。因为狗的主人习惯夜生活，对他来说狗叫并不会影响到他什么，但对邻居就不同了。同一栋居民楼里的邻居却因为有早睡早起的习惯，每天晚上被狗的叫声弄得无法入睡，最终失眠，导致不得不花钱买安眠药来解决入睡问题。某人养狗对邻居就产生了负外部性效应。

2. 正外部性

生产方面，教育和基础设施是正外部性的典型代表。一个健全、完善的教育体系，能够不断培养出越来越多的优秀人才，为社会各方面建设做出贡献，对所有人都是非常有益的。而兴建公共基础设施，铺设绿化带，则会给我们居住的生活环境带来很多的便利，享受到清新空气带来的好处，属于正外部性的体现。

消费方面，某人酷爱花草，自己出资建了一个花圃，购买了很多花木进行栽种，每当路人经过总是会感受到芳香四溢，为赏心悦目的娇艳花朵而驻足流连。不但如此，成群结队的蜜蜂还被吸引来采蜜。对花木的消费，不仅对他本人有益，可以出售成品的鲜花和树木来获益，同时也对周围人有好处，给大家营造出一个芬芳怡人的环境，而其他人也不必为此付费。

由于外部性的存在，社会生产脱离了最有效的状态，偏离了正常轨道，从而市场经济体制不能很好地发挥基础作用，进行资源的优化配置。既然这种情形下，市场机制无法通过自发作用来调节，那么就应当由政府来担负起这个责任。

当一些组织或个人的生产、消费行为使得另一些人和社会受益，但却又无法向后者收取费用时，补贴就成为政府解决正外部性的常用手段。比如植树造林对环境的改善，控制二氧化碳的排放对空气污染的减少作用，都属于政府补贴的领域。近些年来国家政策对光伏产业、新能源汽车等的扶持和补助，便是对正外部性的鼓励。

就正外部性给予补贴，可以激励正外部性活动的产生，强化人们对正外部性的认识，推动更多的有益于社会和民众的经济活动出现，形成正向的良性循环，造福当代，也造福子孙后代，促进社会经济的和谐与可持续发展。

"绿水青山就是金山银山"，党的十九大报告中提出建设美丽中国，就是要充分鼓励经济活动的正外部性，解决经济发展与环境保护兼顾的问题，为人民创造良好的生产生活环境，也为世界生态安全而努力做贡献。

阿罗定理：民主不一定是少数服从多数

1951 年，美国经济学家肯尼斯·约瑟夫·阿罗在其经济学经典著作《社会选择与个人价值》中，通过数学的公理化方法来对民主选举进行研究。他想分析的是按通行的投票选举方式，能否保证一定能选举出符合大多数人意愿的领导者，于是他对每个个体表达的先后次序进行综合，观察整个群体的偏好次序。

然而，结果出人意料，他竟发现设想的情况在绝大多数情况下是不可能发生的！用更准确的表达就是，当至少有 3 位候选人和 2 位选民的时候，就开始存在不满足阿罗定理的选举规则了。随着候选人和选民人数的不断增加，"秩序民主"将会与"实质民主"相脱节，并且两者离得越来越远。

由此，阿罗给出了一个不可思议的定理：假设存在一个民主程度很高的群体，每个群体成员都希望在民主的基础上进行所有决策，那么，可以说这一群体中的每位成员具有同等重要的要求。一般情况下，对于自己最应该做的事情，他们都会有各自的偏好，但为了便于群体决策，需要建立一个公正而统一的程序，就得将所有群体成员的个人偏好进行汇总，以求达成某种共识。下一步，就须假设每一位群体成员都能够按照自身偏好对所需要做的各种选择进行排序，再将所有的排序归总起来，就是整个群体的排序了。实际上，这种情况不可能在现实中出现。该定理就是著名的"阿罗不可能定理"。

简而言之，阿罗不可能定理就是指不可能由个人偏好顺序推导出群体偏好顺序。在阿罗看来，个体的偏好次序与群体的偏好次序应当符合以下 2 个公理和 5 个条件：

1. 完备性公理

如果有两个决策方案 X 和 Y。那么个体和群体对两个方案的偏好只有两种可能：要么对 X 的偏好大于等于对 Y 的偏好，要么就是对 X 的偏好小于等于对 Y 的偏好。

2. 传递性公理

假如有 X、Y、Z 三个任意决策方案，则会有对 X 的偏好大于等于对 Y 的偏好，对 Y 的偏好大于等于对 Z 的偏好，从而对 X 的偏好也大于等于对 Z 的偏好。

凭借"不可能定理"，阿罗荣获了 1972 年的诺贝尔经济学奖。这一定理的最大特点，就是用数理逻辑来求解个人利益与整体利益之间的关系。阿罗不可能定理自诞生起便成为了哲学社会科学中的一个根本性定理，充分说明了其作用和影响。它不仅是对西方民主投票机制的思考，也是对社会选择问题在市场机制的背景下进行的思考，因此现实意义重大。

如果让两个以上不同偏好的人来做选择，被选择的政策在两个以上的话，最终就不可能做出让大多数人都感到满意的决定。阿罗不可能定理指出了多数投票规则存在的固有缺陷，即因为个体偏好的不同，实际决策中往往会出现循环投票的情况，使得少数服从多数不一定是民主的铁律。

通常民主选举都是以得多数选票者胜为规则，每一个投票者都应当按照他的真实偏好来投出选票。如果大多数人都是偏好X>Y，并且也都是偏好 Y>Z，根据逻辑一致性，这样的偏好应该是可以传递的，也就是大多数人的偏好会是 X>Z。然而，实际上却可能是大多数人偏好 Z>X。这样的话，用多数获胜的规则来确定群体的选择就会产生循环结果，落入到"先有蛋还是先有鸡"的无解命题中。最终，所有的候选人没有一个能够获得多数票而胜出，产生"投票悖论"，它也成为了所有公共选择问题的痼疾，是逃不开的两难境地。

那么，能否设计出一个可以消除循环投票的方案，得到令人满意的选举结果呢？阿罗认为这是不可能的。只要个体的差异性存在，就不会形成一种既能尊重个人偏好，也能保证投票效率，还可以不依赖程序的多数规则投票方案。从根本上讲，阿罗不可能定理意味着在所有选举成员的个体偏好为已知的情况下，找不到任何一种方法可以从个人偏好次序得出社会偏好次序，没有任何一种程序能够准确表达出社会全体成员的个人偏好，选举出多数人都合意的领导者。

阿罗不可能定理揭示了民主社会中，未必一定少数服从多数，有时候，真理往往掌握在少数人手中。

政府干预理论："挖坑"可以带动经济发展

1929 年到 1933 年，西方资本主义世界从美国开始，企业破产、工人失业、银行倒闭、股市崩盘接连发生，社会经济陷入了空前的大萧条状态，并迅速波及很多国家。各西方国家政府都急于解决铺天盖地的失业问题，想对经济生活进行干预，促使经济摆脱目前的困境，走出经济危机，维护政治上的稳定局面。这种情况下，传统的以自由放任为主导的西方经济学理论已经无法完全适应社会的需要，对解决现实问题显得有些束手无策。

那么，西方国家要以降低失业率为目标来干预经济问题的理论依据是什么呢？在这种形势下，约翰·凯恩斯于 1936 年出版了《就业、利息和货币通论》（简称《通论》）一书，顺时应势地提供了理论依据，让政府这只"看得见的手"代替市场那只"看不见的手"发挥经济调节作用。

《通论》的出版，标志了宏观经济学的横空出世，政府干预理论正式登台，在经济社会中从原来的配角变为了影响深远的主角。书中，凯恩斯全面阐述了他的经济理论和政策主张，否定萨伊所认为的自由竞争机制具有自动调节作用和对国家干预经济生活的竭力反对。在他看来，供给并不能自动创造需求，经济本身也不能自动达到均衡，因此"萨伊定律"是不成立的。

在边际消费倾向较为稳定的前提下，人们总是会将增加的收入大部分用于储蓄，少部分拿来消费，由此使得有效需求常常不足，社会总供给和总需求也就难以自动达到均衡状态。要解决有效需求不足的问题，凯恩斯提出了政府干预理论，用以取代亚当·斯密的古典自由经济理论。

政府干预理论认为，增加政府财政支出，扩大财政赤字，通过扩大公共投资的增量来拉动社会需求，弥补私人投资的不足，是政府干预的最直接政策表现。实行扩张性的财政政策，提升公共投资和公共消费支出，由此产生的财政赤字并不是有害的，并且可以将经济社会活动中的财富"漏出"盘活，重新流入到生产和消费中来，促进供求关系的平衡和经济增长的有效性。

传统经济学认为国家的经济职能只是提供公共产品和服务，弥补市场失灵，尤其是 1776 年亚当·斯密出版的名著《国富论》，提出"看不见的手"定理，认为个人利益、市场机制、价格机制会自动调节和推动经济发展，反对政府对经济活动进行过多的干预。宏观经济学的诞生，正是对这一论断的分野，凯恩斯的理论也让西方国家从经济危机中走了出来。

要摆脱民众失业和经济萧条的问题，市场那只"看不见的手"是难以发挥有效作用的，只有依靠政府这只"看得见的手"来对经济进行全面干预。为此，凯恩斯在《通论》中描述了一个"挖坑"的寓言故事：如果雇用 200 人来干挖坑的活儿，那么就得再雇 200 人来把挖的坑填上，通过挖坑也就为 400 人创造出了就业机会。雇 200 人来挖坑时，还得给每个人发一把铁锹，这样，生产铁锹和生产钢铁的企业也就都有了工作。同时，还得给 200 个挖坑的工人发工资，由此也就创造出了消费需求。等再雇 200 人来填坑时，还得发 200 把铁锹和工资，生产和消费需求又再度被创造了出来。

"挖坑"的故事意在说明，政府在经济不景气的情况下进行市场干预，可以发挥良好的调节作用。这对于处于经济增速放缓时期的中国来说，具有很好的借鉴意义。一些关键时刻，政府有必要进行"挖坑"，通过公共投资和基础设施建设来拉动经济增长，促进经济结构的优化和调整，保持经济总量的均衡，抑制通货膨胀，让经济得到平稳健康的推进。

但是，运用政府干预理论来"挖坑"，里面有很大的学问，不能乱"挖坑"，也不能重复"挖坑"和唯 GDP "挖坑"，否则"挖坑"就会产生"坑"人"坑"社会的后果。政府"挖坑"时，必须以公共设施为对象，如公共交通、医疗、养老、教育、国防、科研、环保等领域，加强建设与扶持，各部门相互协调，带动相关产业链的发展，拉动内需和消费，提高就业率，刺激经济增长。

挤出效应："挤进""挤出"由政策决定

第二次世界大战后，西方世界以美国为首的各资本主义国家都开始奉行凯恩斯提出的政府干预理论，大力推行财政政策。当经济繁荣，充分就业时，政府应当提高税收或减少财政支出，从而抑制社会总需求；当经济萧条，失业率攀升时，政府应当减少税收，增加财政支出，或者两种方式同时使用，用以刺激社会总需求的提高，从而产生财政赤字。后一种情形下，由于政府部门增加公共支出造成了财政赤字，实际上对私人部门的投资和消费会带来挤出效应。

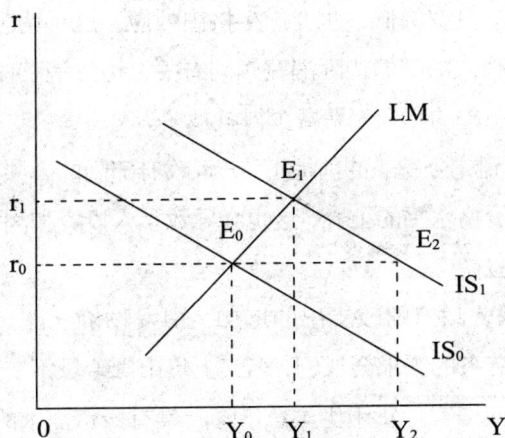

挤出效应示意图

所以，经济学上的挤出效应是针对政府部门而言的，指财政支出的增加所引发的私人消费或投资减少的结果。也就是政府为了使财政预算和赤字达到平衡，以中央银行发放政府债券为手段，筹集公共支出所需资金，这样使得市场利率上升，私人部门的投资和消费反而因此下降，被看作是政府部门对私人部门的"挤出"。

具体来讲，挤出效应涉及以下几种情形：

（1）在公开市场出售政府债券来筹资，是政府部门采取的货币政策。此时，货币总供给是不变的，政府出售债券相当于通过中央银行回收部分市场中的流通资金，当市场上的流动资金减少了，贷款利率就会上升，减少企业和居民部门的私人投资，这样挤出效应就形成了。挤出效应的大小与投资的利率弹性有关，弹性大时挤出效应就大，弹性小时挤出效应就小，二者呈正比例关系。

（2）通过增加税收来为支出筹资，是政府部门采取的财政政策。如果政府提高税率，企业和居民部门的收入就会减少，从而私人消费与投资降低，也会产生挤出效应。这种情况的挤出效应大小，与私人部门的边际消费倾向有关，边际消费倾向越大，税收增加能引起的私人消费减少得就越多。

（3）达到充分就业的前提下，一旦政府部门的公共支出增加，将引起市场价格水平的上升，这也会导致私人投资和消费的减少，出现挤出效应。

（4）因为政府财政支出的增加，引发物价上涨，商品市场上对产品和劳务的需求会加剧，名义上货币供给量不变的情况下，物价上涨会使得实际货币供应量下降，具有投资需求的货币量也会减少。如此，债券价格下跌，利率提高，私人投资减少，挤出效应产生。

（5）开发的市场经济体制中，如果政府实行固定汇率制度，当政府的公共财政支出增加时，市场价格上涨会削弱本国商品在出口时对其他国家的吸引力，使得出口下降，私人投资也随之减少。

不过，因公共支出造成的政府财政赤字对私人投资和消费的挤出效应，是以凯恩斯主义为导向的政府干预政策和货币主义为导向的市场自发调节争论的焦点之一。在凯恩斯主义看来，财政政策对总需求的作用发生机制是直接性的，能够起到重要的影响。但货币学派却反对该观点，认为如果不配合调节货币供给政策的话，凯恩斯主义宣扬的财政政策对总需求的作用将是十分有限的。单纯采用财政政策，只是通过利率提高和货币流通速度降低而间接对社会总需求产生作用，对私人投资和消费的挤出效应只是财政政策所引发的政策反应而已。

从挤出效应的作用期限来看，短期内，当经济较为萧条，社会未实现充分就业时，挤出效应在 0 到 1 之间，此时政府采取扩张性的财政政策，增加公共支出和政府赤字，有助于在一定程度上拉动社会总需求。但是，中长期如果实现了充分就业，再继续施行扩张的财政政策反而会引发通货膨胀，挤出效应达到 1。

宏观经济学的观点提出，要克服扩张性财政政策的挤出效应，需要将财政政策和货币政策结合起来使用。若扩张性的财政政策并没有引发严重的通货膨胀，挤出效应也明显的话，就可以适当加强扩张性的财政政策；但如果既引发了严重的通货膨胀，也产生了相当明显的挤出效应，无论如何，都必须及时放弃扩张性的财政政策，或者对政策组合的方向和力度加以灵活变化，以使政府政策发挥最大的正效用。

马太效应：贫富差距为何会越来越大？

在《圣经》的《马太福音》中有这样一则寓言故事：很久很久以前，有一个国王决定要出门远行。临走之前，他将三个仆人叫到身边，分别给了他们每人一锭银子。然后，他对仆人们嘱咐说："我走后，你们三个各拿着一锭银子去做生意，等我回来的时候，会再次召见你们的。"

就这样，当国王远行回来后，第一个仆人说："陛下，您交给我的一锭银子，我已经用它再多赚了 10 锭回来。"国王听说后很是高兴，立刻赏赐了这位仆人 10 座城池。接下来，第二个仆人向他报告说："陛下啊，您交给我的一锭银子，我已经赚了 5 锭回来。"国王也很高兴，赏赐了他 5 座城池。这下轮到第三个仆人了，只听他说道："陛下，您给我的那一锭银子，我怕弄丢了，于是便将它用手帕包了起来，还原原本本地在我这里呢。"

没想到国王听后当即命令将第三个仆人的一锭银子赏赐给第一个仆人，并对大众说了一句话："凡是多的，还要再给他，这叫多多益善；凡是少的，那就连他所有的都给他剥夺了。"强者越强，弱者越弱，赢者吃通盘，可谓是当今社会的一种普遍现象。

从这则有名的寓言出发，1968 年，美国科学史研究者罗伯特·莫顿（Robert K.Merton）提出了术语"马太效应"，用来概括一种社会心理学现象：本身已经声名显赫的科学家，通常可以比那些不知名的研究人员获得更多的声望，哪怕他们都获得了相似的成就，但面对同一个科研项目，荣誉却更可能授予那些更知名的学者。

也即是说，"马太效应"描述了无论哪一个团体、群体或地区，一旦在金钱、权力、名誉、地位等某一方面取得了通俗意义上的成功或进步，受到社会认可后，就会因此产生一种累积的优势，从而形成利益的板结，并会拥有更多的机会，获得更大的成功和进步，并将优势不断扩大。

"马太效应"被提出后，经济学界就借用了过来，生动地描述了社会上因收入分配不公而导致的穷者越穷、富者越富的贫富两极分化现象。表面上看，这与中国传统文化讲求"中庸""平衡"的思想似乎是相背的，但它其实与经济学上的"二八法则"如出一辙，阐述的是社会上 20% 的人占据了 80% 的财富这类道理，可以称作平衡之道的一极。

早在公元前 500 多年的春秋时期，老子就在《道德经》里有相似的论述："天之道，损有余而补不足。人之道则不然，损不足以奉有余。"从经济学的角度来看，"天之道"可以比拟为国家整体意志，"人之道"则可比拟为马太效应。国家意志的表现，在于削弱有余的个体／群体，来弥补不足的个体／群体，这是国家作为社会公器的福利经济学思想。但作为"人之道"的马太效应却是相反，虚弱不足的个体／群体，奉献给有余的个体／群体，是残酷的社会现实法则，与"天之道"既对立又统一。

马太效应本身并不是个贬义词，只是反映了一种分配不公、贫富差距悬殊的社会现象。当下，因为不同社会阶层收入差距过大而形成的社会不公问题，已经成为影响社会安定的重要因素，由此还带来了不少负面效应。而马太效应的存在，与我们建设和谐社会的宗旨是相背离的，收入过分悬殊，不利于社会凝聚力、民族凝聚力的增强，必须采取有效的政策及经济措施加以解决。对此，政府应进一步加大收入分配政策的调控力度，将居民收入差距控制在较为合理的范围内。尤其要密切关注经济增速放缓的转型时期，居民的需求心态变化，特别注意对民众满意度、信心指数、行为倾向、价值观变化等的监测和研究，并采取相应的对策。

经济社会中，从个人的成功和幸福来看，消极方面是指大多数人并不具备足够的斗志和进取心，马太效应容易成为逃避现实、拒绝努力的借口。但马太效应也有积极的方面，一个人只要肯努力拼搏，不断变得强大，那么就会在变强的过程中越发受到鼓舞，变得越来越强。态度上的积极主动争取，更容易让人收获物质或精神上的财富，而获得财富之后，心态就会更积极，进而通过正向强化，让马太效应好的一面得到极致的发挥。

泡沫经济：失败都是一种质变

如今，我们一谈论起房地产行业，就会不由自主地与"泡沫"二字挂钩。历史上的"泡沫"一词，可以追溯到1720年，英国发生的一起"南海公司泡沫事件"。当时，在英国政府的授权之下，南海公司一举垄断了英国对西班牙的贸易权，同时对外鼓吹公司利润获得高速增长，并引发了投资者对公司股票的高度关注，纷纷予以买入，不断抬高该公司的股价，一时间盛况空前，掀起投机热潮。

但因为没有实体经济的支撑，爆炒起来的股价在大幅度上涨之后，很快便迅速下跌，南海公司的市值也大跳水，如同泡沫一般膨胀得快，破灭得也快，正应了中国那句古话"看他起高楼，看他宴宾客，看他楼塌了"。与"南海公司泡沫事件"类似，世界经济史上早前的典型泡沫现象，还有诸如荷兰的"郁金香事件"、法国的"约翰·劳事件"等。

经济出现泡沫，也就有了"泡沫经济"的称呼。顾名思义，泡沫经济指的是社会的经济运行状态像一个被吹起的大泡沫，资产的价值严重超过了实体经济，虽然表面看似繁荣，却终究难逃一戳即破的结局，是一种极易丧失可持续发展能力的宏观经济状态。

泡沫经济的产生，往往与市场上商品价格的大起大落相伴随，但它并非通常意义上的价格涨跌，而是受到大量投机活动的支撑，过度投机导致商品的价格脱离了价值规律，发展到一定程度，就会因市场预期的崩塌或神话破灭，导致资产价值迅速缩水，从暴涨到骤跌的过程，被称为"泡沫破裂"。本质上，泡沫经济的产生源于人类本性的贪婪。

通常表现上，泡沫经济是社会资金突然过于集中到某一经济部门或某一商品中，交易者反复转手炒卖，使得该经济部门或商品在短期内价格极度膨胀和扭曲，最终因生产部门缺乏实体支撑而骤然衰竭，落得一地鸡毛的必然结果。从阶段上看，我们通常把泡沫经济划分为形成阶段、膨胀阶段和崩溃阶段三个阶段。

现代经济社会，正常情况下资金的运动应当是对实业部门和实体资本运行情况的真实反映。只要始终存在金融活动，就会必然存在金融投机，这是经济发展过程中难以避免的。然而，若是金融投机行为过度，与实体部门越来越脱节，就会导致各种形式的虚假繁荣，催生泡沫经济。金融投机，向来是滋养泡沫经济的温床。

在生产资本和商品资本的实体经济运行中是不会有泡沫产生的，因为它们都是以实物形态流量为媒介，并有流向相反、基本等量的货币形态流量与之相对应。所以，人们认为虚拟资本的运动，包括股票、债券等在内的一系列有价证券，也即能为持有者带来一定收入流量的资本，是泡沫经济总发轫于金融领域的总根源。

所有的泡沫经济都是自货币泡沫开始，如果没有对货币内在信用的盗取行为，让虚拟资本超出了实体资本所产生的虚拟价值部分，就不会形成经济活动中的各种泡沫，这样即便因为经济的高速发展出现泡沫，破坏性也不会太严重。量变引发质变，所有的失败，其实都是一种质变。

此外，土地作为规模最大的不动产，价格的特殊性使其成为了具有虚拟资本属性的资产，并与金融行业相互渗透和融合，人类历史上很多次泡沫经济的产生都必然伴随着房地产泡沫的破灭。20世纪曾出现过多次大的泡沫经济浪潮，比较有名的是1980年日本因与美国签订广场协议而使房地产泡沫破裂，导致日本经济出现"失去的二十年"，到现在都被世界各国引为前车之鉴。1997年开始的东南亚金融危机，使得东南亚、中国香港房地产泡沫崩盘；2007年，次贷危机席卷美国、欧盟和日本等世界主要金融市场，成为时常谈及的泡沫经济坍塌案例。

随着互联网和移动互联网技术的不断进步，各种金融工具和衍生工具层出不穷，金融市场自由化和国际化进程加快，泡沫经济的发生愈加频繁，波及范围更广，危害程度加重，应对起来也更加复杂化。尤其是眼下国内正面对极为棘手的房地产泡沫问题，这是必须引起重视和深思的话题。

测不准定律：没有规律才有创造

1922年初夏，德国物理学家玻恩与具有深刻的直觉感悟力和数学上的精湛技巧、时年21岁的博士生海森伯一见如故，两人一起讨论了大量近代原子物理理论和哲学问题，相谈甚欢。两年后，海森伯博士毕业，便长期师从玻恩，进行原子中电子运动方式的研究。但他却始终被玻恩当时提出的原子模型困扰着，如果按照玻恩设想的电子是进行轨道运动，那么很多问题就解决不了，这让海森伯对老师的观点产生了怀疑。

随后的几年里，海森伯都在着手研究"制造量子力学"，它是不同于玻恩观点的没有轨道运动的新力学理论。1925 年 5 月，因患上严重的枯草热病（一种对花粉过敏的病症），海森伯只好到德国汉堡附近的赫尔兰岛上休假。在那里，他的思绪始终围绕着令人无比困惑的量子问题打转，认为在电子没有轨道的情况下，通常的位置和速度描述都将没有意义，那就需要采用新的描述量来建立理论。

在某个夜深人静的凌晨 3 点左右，海森伯突然灵光乍现，想到了通过原子辐射的频率和强度创建新的力学理论，从此发现一套系统的数学方案——魔法乘数表，其中原子辐射的频率和强度依照一定规则排列成一个数的方阵，而方阵之间则按照新的乘法规则来运算。海森伯马上将全新的思想创见写成一篇论文，当年 7 月寄给《物理学杂志》发表。与此同时，导师玻恩也进一步研究了海森伯提出的新方案，并认为其正是 70 年前数学家们发明的矩阵乘法理论。其后，玻恩、约尔丹与海森伯三人联合发表论文《论量子力学 II》，宣告了量子力学理论在物理学史上的正式诞生。从此，矩阵形式的量子方程代替了经典的牛顿力学方程，被人们称为"矩阵力学"。

当时的科学实验虽然已经看到了云室中的电子径迹，但在矩阵力学方程的计算中，电子是没有轨道概念的，这让包括科学泰斗爱因斯坦在内的学者都无法理解。大师的发问之下，海森伯又陷入了沉思之中，直到 1927 年的一个夜晚，他在宁静的月光下散步，忽然之间，脑海中犹如一道电光闪过，朦胧中似乎捕捉到了电子的径迹，不免恍然大悟。原来，人们所观察到的电子在云室中的径迹，只是一系列电子运动形成的水滴形状而已，并非真正的电子轨迹。那些水滴形状，实际上是分立电子一系列不确定的位置。

海森伯顿时豁然开朗，明白了一个电子的动量和位置是不能同时确定的这一道理。于是，量子力学理论中最为重要的原理——测不准定律就这样诞生了。

测不准定律，又叫不确定性原理，作为量子力学的产物，陈述了要精确确定一个粒子，比如原子周围电子的位置和动量，都是有限制的，具有不确定性。这种不确定性主要是由两个因素产生的：首先，对某个东西的测量将不可避免地会扰乱到该事物，进而让它的状态发生改变；其次，量子世界并不是具体的，从概率上来讲，精确确定一个粒子的状态会有更深刻和根本的限制。测不准定律的诞生，给我们的世界观带来了十分深远的影响。

该定律表明，一个微观粒子的位置、动量、方位角、动量矩、时间、能量等物理量，不可能是同时具有确定数值的，其中一个量越是确定，另一个量就会越不确定，反映出微观粒子运动的基本规律。我们不可能同时知道一个粒子的位置和速度，而位置的不确定性必然大于或等于普朗克常数除以 4π（$\Delta x \Delta p \geq h/4\pi$）。微观世界的量子行为与宏观物质有着很大的不同。

此外，测不准定律也涉及很多深刻的哲学问题和经济学问题，在因果律的陈述中，根据现在对未来进行预见，本质上得出的只是前提，而非结论。我们无法知道现在的所有细节，这是一种基本原则，因为很多事情是不确定的，没有任何规律可言。正是因为没有规律，才会有无数奇妙而精彩的想象，才会激发出不绝的创造力，让人类的发展史上多出了数不胜数的非凡创意。

口红效应："危"与"机"并存

说起口红，可谓是广大女性必不可少的化妆品之一，生活中最为常见的奢侈品，几乎是所有女人的最爱。如果一个女性朋友过生日，你却不知道送什么合适，这时送上一支漂亮又鲜艳的口红准没错。不过，在经济学中，口红可是一种神器，"口红效应"不知你听过没有？

在美国，每当出现经济不景气的状况，就会有一个有趣的现象，那就是口红的销量反而会因此直线上升。也许你会问，经济变差了，为什么口红的需求还会增加？实际上，美国人普遍认为口红是一种比较廉价的"奢侈品"，虽然社会经济下滑，但人们强烈的消费欲望并没有降低，从开源节流方面考虑，消费支出会从原来的昂贵奢侈品转到较为廉价一些的"奢侈品"上。如此，口红作为人们眼中"廉价的非必要之物"，能够对消费者的心理起到安慰作用。尤其当嘴唇涂抹上柔软润泽的口红那一刻，仿佛什么烦恼都可以暂时抛到脑后。此外，经济的衰退会降低一部分群体的消费能力，节衣缩食之下反而手头会有一些"小闲钱"，正好可以去买口红这样"廉价的非必要之物"。

所以，"口红效应"指的便是因为经济萧条所导致的口红出现热卖的一种有趣的经济现象，经济学上也称其为"低价产品偏爱趋势"。

在经济不景气时，人们降低对收入和未来的预期，消费倾向会自然而然发生转变，首先削减的便是房子、汽车、珠宝、出国旅游等大额消费，这样可能会比正常时期有了更多的"闲钱"。但消费行为发生转变，普通消费者会热衷于砍价，买物美价廉的商品。口红虽然不是生活必需品，但却同时兼具廉价和修饰的功用，便宜的化妆品和文化类产品反而会受到人们的热捧。

20 世纪 30 年代的美国经济大萧条时期，"口红效应"经济理论正诞生于此。七十多年后的 2008 年，自美国开始蔓延全球的世界性金融危机中，也同样出现了"口红效应"。那时，据美国媒体报道，与大宗商品和奢侈品低迷的市场需求形成强烈对比，不但口红、面膜等常见化妆品的销量开始攀升，做头发、按摩等"放松型消费"也人气旺盛。法国欧莱雅、德国拜尔斯多夫、日本资生堂等全球几大化妆品巨头，也用事实上的销售数据证明了报道非虚。由此，"口红效应"这一提出已久的经济理论不断被海外媒体所提及，直到现在也不过时。

用微观经济学的原理来解释"口红效应"，是替代效应大于收入效应起了作用。经济景气指数走下坡路，会使得人们的常规消费减少，当大家放弃房、车、贵重珠宝首饰、奢侈品、出国旅游等大额消费时，手中的余钱会用以消费到昂贵商品的替代品——"廉价的非必要之物"上面，"替代效应"也就产生了。这种替代效应会远远大于因收入降低而削减消费的收入效应，于是便出现了"口红效应"。

看上去经济萧条是"危"，实际上却带来了另一种"机"。

因"口红效应"受益最大的便是化妆品行业。1929 年到 1933 年，美国工业产值减半，但化妆品销售却出现增加状况；1999 年到 2001 年，美国经济衰退，化妆品行业的工人人数增加；2001 年，著名的九一一事件之后，美国的口红销量翻倍。

韩国经济景气指数降低时，鲜艳的服装色彩比较流行，工厂接到的订单多是短小而夸张的款式；日本的服装销量奇低，那些缝纫店、修鞋店却前所未有的生意红火。20 世纪初，琳琅满目的格子铺因其销售和购物模式新颖，一度吸引了大批的时尚新潮一族驻足光顾。这一发端于日本一些卖二手商品的微型店铺，迅速席卷香港、澳门及大陆的沿海地区，一时间大大小小的各式"格子铺"旋风一般林立，生意异常火爆，成为"口红效应"的生动表现。

作为众多消费心态的一种，"口红效应"也为文化产品的走俏创造了一定的可能性。美国电影一直是"口红效应"的重要受益产业之一，不但第一次世界大战后的美国经济大萧条时期是好莱坞电影的腾飞期，2008 年掀起的次贷危机也伴随着电影工业的逆势飘红。此外，动漫游戏也是"口红效应"的一大受益行业。

一边是"危"，一边是"机"，"口红效应"证明的是"危"与"机"的并行不悖。日常生活中，我们也完全可以运用"口红效应"来拉动商品销售。要注意的是，在所售商品的选择上，要实用价值和附加意义并存，本身价格要低，同时要充分营造出情境体验来引爆消费者的购买欲望。

乘数效应：以小搏大，连锁反应

曾几何时，网络上疯传了一个叫作《踢猫》的段子：某公司的老板因工作事务繁杂，早上出门前就跟家里人说今天要早些到公司并晚些回来。但是，他却因为临时看报纸看得太过入迷而不小心忘记了时间，等反应过来后，他急匆匆地离开了家。为了出席会议不迟到，便开车在公路上超速驾驶，结果被警察拦下开了罚单，最终还是把时间给耽误了。

愤怒至极的老板来到公司时，为了发泄一下怨气，同时转移大家的注意力，就将销售经理叫到办公室气急败坏地大骂了一通，搞得销售经理莫名其妙但又只能隐忍不发。走出老板办公室的销售经理心里蛮不是滋味，就如法炮制，将销售主管叫到自己的办公室，狠狠地对他吹胡子瞪眼睛地挑剔了一番。无缘无故挨批，销售主管不免也是一肚子气，就故意找销售员的茬儿，整个办公室瞬间充满了阴沉的气氛。销售员满怀委屈地过了一天，下班后垂头丧气地回到家。本来儿子考试得了 95 分，高高兴兴地凑上前来想要博得夸奖的，没想到却迎来老爸的雷霆大发。无缘无故被痛斥，儿子很是想不通，恼火之下就狠狠地踢了一脚旁边的猫，最后猫"喵呜"一声，郁闷地躲到角落里去了。

也许从这个故事中，你看到的是"人生不如意事十之八九"等老生常谈的道理，但我们再来看一则故事。

某位作者在文章《阳光灿烂的一天》中描述道：他与朋友弗

朗西斯从计程车上下车，弗朗西斯一边付钱，一边面带微笑地对主驾驶座上开车的黑人小伙子道："小兄弟，谢谢你，坐你的车真是舒适极了！"听到这样的话，黑人小伙子显得特别高兴，礼貌地回道："是吗，先生，也谢谢您，您非常英俊绅士，愿上帝保佑您！"旋即，弗朗西斯还赠送了对方一块巧克力。朋友的举动让站在身旁的作者很是不解，谁知朋友笑着解释道："我的愿望是让纽约这座城市多一点人情味，如果有可能，我祈祷世界的每一天都能阳光灿烂。"虽然这位老兄的愿望看起来大了点，但两个故事在现实生活中其实完全有可能发生。

　　故事中折射出来的两种截然不同的情形，如果发生并蔓延开来，可以想见会对整个社会效用产生很大的影响。经济学上的乘数效应，可以很好地对此进行解释。那么，什么是乘数效应呢？

　　用每个人小时候的愿望来表达，就是假如你有一颗糖，乘法一下，就能立刻拥有 10 颗糖，想想就觉得美滋滋的。而用经济学的语言来谈，就是经济社会中，个体因子的变化可能会造成一连串的连锁反应，进而影响到整体。形象点说，类似于小明数学考了零分，会影响到全班的总成绩，导致小明被请家长，小明回到家中被罚跪，数学老师被校长点名责骂，校长被教育局局长批评……因为小明考零分，乘数效应就产生了。

　　或许这会让人不由自主地想到蝴蝶效应，但两者之间是有区别的。蝴蝶效应是微小的个体引发整个世界的变化，产生的影响是逐步放大的，并愈演愈烈，直到难以控制。乘数效应则是一个推进式的影响过程，对相关联的人或事物发生作用，并且影响会随着时间而渐渐淡化。简单地说，乘数效应就是加杠杆，以小搏大，催发连锁反应。

　　经济学上，乘数效应指经济活动中因某一变量的增减所导致的经济总量变化的连锁反应程度，是一种宏观层面的经济效应，也是政府进行宏观经济调控的常用手段。经济学家约翰·凯恩斯在 1936 年的《就业、利息和货币通论》中详细阐述了乘数原理，为内含乘数效应的理论提供了支撑。

　　而回到日常生活中，无论是"踢猫"，还是"阳光灿烂的一天"的故事，都是告诫我们乘数效应可以以小搏大，带来连锁反应。"勿以善小而不为，勿以恶小而为之"，乘数效应教导大家要时常注意自己的一言一行，尽量给予他人积极而正面的效用，无论效用是大是小，都会因乘数效应而成倍扩增，达到意想不到的效果。置身在一个温暖友爱、充满欢乐的环境中是每个人的向往，正好可以运用乘数效应来实现它。

第六章

不纠结的人生

如果我们没有思想，我们就会生活得更幸福，但无奈的是，我们有了思想。

我至今一直想不明白，是谁制造了选择，同时制造了后悔、不甘与疯狂……既然有了选择，我们就得应对，因为我们不想后悔。与其在两个结果之间左右为难，不如闭上眼睛随便选一个，然后快快乐乐地出发。

前景理论：纠结，一种缺乏自信的病

先来看一个实验：在我们面前放着容积分别为 800 毫升和 1000 毫升的两个杯子，将 800 毫升的冰淇淋分别装在这两个杯子中，则 800 毫升的杯子看上去会满满当当的，都已经溢出来了，而 1000 毫升的杯子却没有装满。通常情况下，人们会倾向于买那杯 800 毫升的冰淇淋，有时也会多花上一点钱买那杯没有装满的 1000 毫升的冰淇淋。

同样，我们来进行第二个实验：有一套精美的餐具，分为 8 个碗、8 个盘、8 个碟，一共 24 件，每件都是完好无损的。你愿意付多少钱来购买呢？标价是 228 元。另外还有一套 40 件的餐具，其中 8 碗、8 盘、8 碟也是完好无损的，但另外 16 件中的 7 件有些破损了，你又愿意花多少钱买下来呢？标价是 168 元。实际上，不少人都会选择花更高的价钱买第一套餐具，因为它们都是完好没有破损的，而不会去买第二套 40 件的，因为担心餐具的质量有问题。当然也有愿意捡便宜的，花更少的钱却能买到一套 40 件的餐具，何乐而不为呢。

从实验中可以看出，大多数人在做选择时，会有这样的心理纠结：面对获得，会显得小心翼翼，不愿意冒更多的风险；面对损失，会有不甘心，愿意冒险再搏一把。人们对承受损失的痛苦的感受会远远强于对获得时的快乐的感受。也就是说，大多数人都是"风险厌恶"型的。同样的 10000 块钱，凭借自己的努力辛辛苦苦挣来，和买彩票中奖得来，会是完全不一样的感受。劳动挣来的血汗钱会舍不得花，中奖这样不劳而获的钱反而会乐意挥霍。

以上两个实验，涉及经济学中的"前景理论"，它由心理学家卡尼曼（Kahneman）提出。所谓的"前景理论"，是从期望值理论和期望效用理论发展而来的，一种描述和预测当人们在进行风险决策时表现出的与传统期望理论和期望效用理论不一致的行为理论。

"前景理论"认为，人们在面对得失时，风险偏好是不一致的。面对"失去"时会变得乐于冒险，相反，面对"得到"时却表现出对风险的规避。参照条件的不同，会对人们的得失感受产生不同的影响，进而影响人们的决策行为。

再来一个实验：选项 A 为 100% 获得 1000 元，选项 B 为 50% 可能获得 2000 元，另外的 50% 可能什么也得不到。如果让你在两个选项中只能选一个，你会怎么选？大部分人的选择会是 A。这说明人人都有风险规避的心理。

反过来，选项 A 为确定损失 1000 元，选项 B 为 50% 的可能损失 2000 元，剩下的 50% 是什么都不会损失。你又会如何选择呢？结果是大多数人都会选择 B。这样看来，人又具有愿意冒风险的动机。

认真想想，两种情况说的还是同一个问题，也即"前景理论"有三个基本的原理：

（1）大多数人在面临获得时，表现为风险规避；

（2）大多数人在面临失去时，表现为风险偏好；

（3）大多数人对损失的敏感程度远胜于得到。

人的理性是有限的，做决策时，通常不会去计算一件物品的真正价值，而是根据某种容易评价的线索来进行判断。痛苦总是让人记忆犹新，人人都害怕风险，同时人人也都是冒险家。卡尼曼据此提出，根据不同的风险预期假设前提时，可以对人们的行为倾向进行预测。因为将来自心理研究领域的综合洞察力应用到了经济学当中，特别是为在不确定情况下的人为决策和判断领域做出了突出贡献，瑞典皇家科学院将 2002 年的诺贝尔经济学奖颁发给了卡尼曼，以表彰他的研究成果。

在我们的日常生活中，也总会遇到这样或是那样让人纠结的情形，前景理论在这方面具有很高的应用价值。面对存在风险的抉择，选择逃避还是勇往直前，往往是个难题。根据前景理论，两个损失同时发生带来的痛苦，要小于分别承受两次损失带来的痛苦之和。那么，如果你有几个好消息要向大家公布，应当分开发布，让大家一次次感受到好消息带来的惊喜，增加期望效用的总和；如果你有几个坏消息要公布，则应当一次性说出来，因为"长痛不如短痛"。

同理，如果你有一个很大的好消息和一个很小的坏消息，那就应当同时告诉别人，让好消息带来的快乐冲淡坏消息带来的忧愁，降低负面影响；如果你有一个很小的好消息和一个很大的坏消息，则应当分别告诉他人，让好消息带来的欢喜不至于被坏消息带来的悲伤所淹没，这样他人还可以感受到好消息带来的振奋之情。

看上去很美的未必一定很美。对理性有限的人来说，面对选择，纠结是一种缺乏自信的病。这样的病，就得使用"前景理论"这把斧头来治。

棘轮效应：由俭入奢易，由奢入俭难

"司马光砸缸"的故事大家耳熟能详，而故事的主人公司马光为北宋大名鼎鼎的政治家、文学家和史学家，史学巨著《资治通鉴》便是由他主持编撰的。他在写给儿子司马康的家书《训俭示康》中有一句话："由俭入奢易，由奢入俭难。"俭为德之共，侈为恶之大，司马光提出这一论断，是告诫儿子不可沾染上纨绔之气，要秉承清廉的家风，不奢侈浪费，以俭朴为美。

的确，从勤俭到奢华是一件很容易的事，而大手大脚花钱的人要变得节俭，就是件难事了。如果对自己的欲望不加以节制，任其为所欲为，没能培养出简朴的生活作风，就会使"富不过三代"的古训成为必然。

现代人也是一样，每个月工资一发下来，虽然每次都提醒自己要省着点花，多一点结余存起来，但还是有不少人成为了"月光族"。到底是什么让自己存不下什么钱来呢？在解决问题之前，我们需要先来了解一个经济学名词"棘轮效应"。

经济学家凯恩斯主张消费是可逆的，绝对收入水平的变动一定会立刻引起消费水平的变动。但另一个经济学家杜森贝利则反对凯恩斯的这一观点，提出这是不可能出现的，理由在于消费决策并非一种理想的计划，它与人们的消费习惯等息息相关。从消费心理学的角度来讲，消费者的生理和心理需要、个人经历及其结果、财务状况、家庭关系、社会声望等，都会对行为倾向产生

影响。尤其是个人所能达到的最高消费标准，对消费习惯的养成
具有重要作用。

由此，杜森贝利提出了"棘轮效应"，指出人的消费习惯一
旦形成，会具有不可逆性，向上调整容易，而向下调整则会很难。
特别是短期内表现会很明显，惯性作用造成的路径依赖效应强大。
习惯效应形成之后，消费能力便取决于人们的相对收入，也就是
过去所达到过的最高收入水平。棘轮效应之下，消费者会随着收
入的增加而提高消费，但却难以因收入变少而降低消费，以致短
期消费函数出现正截距。

根据"棘轮效应"，我们也就不难理解为什么存钱困难而花
钱容易了。棘轮效应正是对人类本性的深刻解读，人生而有欲望，
"饥而欲食，寒而欲暖"，有了欲望就会想方设法地得到满足。
对于欲望，我们既不能禁止，又不能放纵，加以禁止会违反人性，
但贪得无厌的过度欲望，又需加以节制。

研究棘轮效应的负面作用，可以更好地让我们警醒，懂得节
俭的可贵。

殷商时期，纣王即位之初，天下都以为有纣王这位精明国君
的治理，定会江山稳固，百姓丰衣足食。一天，纣王命人做了一
副象牙筷子，并非常高兴地以之用餐。此时，他的叔父箕子瞧见了，
就劝纣王将象牙筷子收起来。但纣王充耳不闻，满朝文武大臣也
觉得这不是什么大不了的事。但箕子却显得很是忧心忡忡，有大
臣问他为什么，他回答说："纣王以象牙为箸，就肯定不会再用
土质瓦罐盛饭食，而要改用犀牛角制成的杯子和美玉所制的饭碗。
这样一来，纣王还可能会吃粗茶淡饭和豆子煮的汤吗？必然不会。
以后，大王怕是要餐餐山珍海味，顿顿美味佳肴了。吃要美酒佳

肴，穿自然也要绫罗绸缎，住要富丽堂皇，接下来就要大兴土木，筑起亭台楼阁来行取乐之事了。如此，将会不堪设想。"一开始别人并不相信箕子的话，哪知仅仅五年时间里，纣王便骄奢淫逸起来，白白葬送了商汤绵延 500 年的大好江山，箕子的话也得到了验证。

西方发达国家的很多成功企业家虽然拥有无数财富，但他们对子女却都严格要求，教导子女从小学会自立，不仅只给孩子很少的零花钱，寒暑假也会让他们四处打工，哪怕成年后进入家族企业中，也是从最基础的职位做起，一步步历练自己。他们并不奢求子女能够多赚多少钱，而是期望子女能够珍惜每一份来之不易的收入。微软的创始人比尔·盖茨也是如此，虽然多次登上世界首富的宝座，但却公开声明死后会将巨额财产捐赠给慈善事业，而只给自己的子女留下极少量的钱财，因此赢得了众人的赞誉。

配套效应：让不必要成为必要

18 世纪时，法国有位哲学家叫丹尼斯·狄德罗。某一天，朋友到他家造访，并将一件酒红色的睡袍送给了他。见这件睡袍质地精良，做工考究，图案也十分有特色，狄德罗非常喜欢，便高兴地收下了。然而，当他在家穿着高雅而华贵的酒红色睡袍时，便开始不淡定了，不是觉得家具的风格不对，就是发现地毯的针脚粗陋不过关。坐不住的狄德罗为了让居家环境与睡袍相配套，先后将家里的旧东西进行了大更换。当家居风格终于跟上睡袍的档次后，狄德罗不由得苦笑着感慨，居然是被一件睡袍给胁迫了，让不必要成为了必要。

"睡袍事件" 200 年后，哈佛大学经济学家朱丽叶·施罗尔将发生在狄德罗身上的事件命名为"配套效应"，也即"狄德罗效应"。人类总有欲求不满的心理，拥有得越多反而会越不知满足。"配套效应"指的正是当人们拥有一件新的物品后，会不断想着配置与其相应的事物，从而追求心理上的平衡感这一心理学现象。

这一效应，是对"系统论"的延伸，凡是涉及事物改变自身以适应系统，或让环境改变来适应自身喜好的情况，都可以用它来说明。自然界和生物界中，配套效应也广泛地存在着，与鱼在水中自在悠游，离开了水，鱼就无法生存是一个道理，鱼和水属于同一个系统，它们是配套的。我们调动自己的能动性去主动适应环境，就是对配套效应的应用。

感情方面，我们常说要讲究"门当户对"。但有不少各方面条件都很优秀的女孩，却因为想找一个一心一意对自己好的，便没有选择"嫁给爱情"，而是选择了一个比自己差甚至差很多的男人"将就"过日子，以为这样就能驾驭男人。对方因为比自己条件差而不会背叛自己，不需要面临背叛的婚姻困境。殊不知，这样想往往是错误的。比自己条件差，不等于就一定是忠臣，两者不能画等号。真正条件好的男人，还需要与之相配套的重要一项——品行好。如果一个男人有着好的品质，才能又优秀，女孩们为何不选择嫁了呢？

嫁给条件不如自己的男人未必就会真正幸福，嫁给条件比自己好的男人未必就不会有忠诚。就像我们去逛商场，买了一件漂亮的新裙子时，会想着要是再有一个拿得出手的名牌包、一双好看的高跟鞋来与之配套，让整体气质得到提升，才会觉得对得起买的这件漂亮裙子一样，在选择男人的时候，为什么不可以选择一个与自己条件相称的优秀男人呢？那只能是因为你不够自信，不确定能够找到条件出众、对待感情也专一的男人。

虽然"配套效应"讲的是不必要变成必要的现象，但婚姻方面，"忠诚"却是应当配套的因素。并非选择忠诚就不能再选择物质，选择英俊就不能同时选择忠诚，现实中，多金帅气又忠诚的"高富帅"男人并不是没有。

当然，希望另一半高大英俊、事业有成、温柔体贴又要忠于自己，前提是自己也能配得上对方。不然，天底下那么多优秀的女人，为什么要选择你？婚姻上的"配套效应"，要求既看清对方的本质，是否有与自己配套的外在条件和内在品质，也要看清自己是不是也有配套的外在条件和内在品质。势均力敌，你8分，我也8分，那么刚刚好。如果你8分我只5分，或是我8分你只5分，都是端不平的。

新时代新社会，对传统婚姻长辈要求"门当户对"的理解，应该要与时俱进。门当户对的，不应仅仅是家庭条件，还应该兼顾教育背景、三观、素养等的综合平衡。所谓"近朱者赤"，优秀的另一半，会让自己也不自觉地想要进步，感情也会更融洽和谐。用勇气摒除枷锁，去追寻自己真正想要的，"嫁给爱情"，而不是因为想找个忠于自己的人。

职场上也是一样，生活并非电视剧，灰姑娘的故事不那么容易发生。要在工作中游刃有余，做个职场达人，就要遵循职场的规则。得体的服饰，精致的妆容，优雅的举止，从容的步履，让精气神由内而外地散发出来，是对你的职场生涯最好的"配套"。

机会成本：此消彼长，此长彼消

机会成本，是一个像刀锋般锐利的经济学概念，它用来考察为了得到某样东西而必须放弃的所有东西，无论是时间、金钱、财富、物品还是劳务，甚至是一道迷人的风景。人生就是这样，有所得，就会有所失，两者是一个"此长彼消，此消彼长"的关系，蕴含万千。所以说，"机会成本"是一个很有趣的词语。

美国作家斯蒂芬·金的《写作这回事——创作生涯回忆录》中，有句话是这样写的："对于写作我们就先聊到这里吧。我们用来谈论写作的时间，实际上就是你没有用于写作的时间。"话语通俗易懂，但却恰如其分地说明了为了交流写作，我们牺牲了原本可以用来写作的时间。用在写作上的时间，正是交谈写作的机会成本。

用经济学的语言来说，可以引用曼昆在《经济学原理》中对"机会成本"所下的定义："为了得到某种东西而必须放弃的东西。"微观经济学中，机会成本是企业为了从事某项经营活动而放弃另一项经营活动的机会，或者利用某种资源获得某种收入时而放弃的另一种收入。没有选择的另一项经营活动可能取得的收益，便是正在从事的经营活动的机会成本。比如，企业现有的生产设备和原材料只够生产拖鞋和皮鞋这两种产品，为了生产拖鞋就不得不放弃生产皮鞋，如此，生产皮鞋可以获得的收入就是生产拖鞋的机会成本。

它是一种"择一成本"或"替代性成本",为获得最大的潜在收入,需要具备五个条件:其一,资源是稀缺的;其二,所使用的资源应具有多种用途;其三,资源已经被充分利用;其四,资源可以自由流动;其五,会消耗这些资源的选项之间是互斥的关系。对于企业来说,分析机会成本是很重要的。这要求企业能在实际经营过程中选择正确的项目或产品,让实际效益大于机会成本,促使有限的生产资源能够得到最佳配置,实现"帕累托最优"。

下班回到家,吃过晚饭后想要看电视,但父母却想我们陪着聊天。这时,看电视的机会成本就是陪父母聊天的时间。机会成本的主要用途,在于考虑做决策时所要放弃的东西。我们显然想要知道的是做某个决策必须放弃的"最大代价",而不是"任何代价"。

那么,不得不舍弃掉的"最大代价"是什么呢?心理学家Barry Schwartz 走进商场买一条牛仔裤,店员马上询问他是想要紧身型的、舒适型的,还是宽松型的,是前面要扣子的,还是拉锁的,是石磨的、酸洗的,还是快磨破的,是直口的,还是松口的……一连串喋喋不休的追问,让他惊掉了下巴。

当他花一个小时试穿了各种样式的牛仔裤之后,最后购买了一条他认为"从未有过的最合身的裤子"离开了店铺。他自认为做得不错,丰富的选择让他有机会做得更好,但心里反而感觉更糟糕。因为选项越多,期望值就会越高,欲望就会越来越难得到满足,因为不知道哪一种选择才是最完美的。

选择变多了,似乎机会成本也变大了。心理学家对于被放弃掉的诸多选择中可能存在更好的一条牛仔裤而耿耿于怀,认为自己付出了更大的机会成本。其实，最大代价是一个变量，而非常量使得机会成本随着付出代价大小的变化而变化。

被选择的一方和被放弃掉的一方，两者是"此消彼长，此长彼消"的关系。当对被舍弃掉的选项喜爱程度降低，或价值减少时，机会成本就会变小，被选择的一方价值凸显；当对被舍弃掉的选项喜爱程度提高，或价值增加时，机会成本就会变大，被选择的一方价值削弱。

若是将"机会成本"这一概念运用到生活中，可以发现它能解释好多事情。金钱、时间、注意力等很多资源，都在经常扮演着机会成本的角色，金钱是显性成本，而时间和注意力是隐性成本。一定的时间、金钱、注意力用来做了一件事情，就做不了另外一件事情，所以，我们在计算机会成本时，应当注意将时间和注意力这样的隐性成本也考虑在内。

如果一件事情需要我们做出选择，记得要选择价值最高的选项，放弃机会成本最高的选项。价值最高的选项，值得我们为之放弃其他任何可能的替代选项。

羊群效应：不被潮流恶意引导

有则故事讲到，某石油大亨去天堂参加一个会议，来到会议室后，他发现里面已经坐满了人，没有多余的位置了。前面人潮汹涌，只能站在最后面的石油大亨忽然灵机一动，便朝人群大声喊道："地狱发现石油了！"这一喊还真的起到了作用，天堂里坐着的石油大亨们纷纷闻风而动，朝着地狱跑去，生怕落在后面。一瞬间，天堂里就只剩下最后来的一位石油大亨。他见会议室里没有了人影，心想大家都跑去地狱了，难不成那里真的有石油？于是带着犹豫，他也急匆匆地往地狱奔去。

故事虽然有点幽默，但生动地诠释了什么是"羊群效应"。管理学上，"羊群效应"常用来描述一些企业常见的市场跟风行为，在经济学中也多用来描述经济个体（厂商或消费者）的从众心理，本质上是一样的。与狼群组织严密、纪律性强、擅长集体行动不一样，羊群是一种十分散乱的组织，平时聚成一群总是会盲目地左冲右撞，这时如果有一只头羊行动起来，在某个地方吃草，其他的羊也会不假思索地一拥而上，毫不顾及不远处有更好更多的青草或者前面可能有狼出现，不会提防可能存在的危险。

"羊群效应"也称为"羊群行为"或"从众心理"，通常会在竞争十分激烈的行业中出现，该行业中一旦有一个领先企业（领头羊）占据了市场的主要注意力，那么其他的厂商（整个羊群）就会不断地模仿头羊的一举一动，头羊上哪里去吃草，其他羊也会跟着到那地方去淘金。

这就如同一个人白天在大街上跑，结果引来很多人跟着跑，但除了第一个人之外，其他人并不知道为什么跑，只是看着别人都在跑，自己也就头脑发热地跟上去了。人类的盲从心理经常是可以见到的。

无论动物界还是人类，"羊群效应"都普遍存在。法国科学家让亨利·法布尔曾经做过一个松毛虫的实验。他将很多的松毛虫都放在一个花盆的边缘，并让它们首尾相连围成一圈，同时在花盆不远处撒下了一些松毛虫爱吃的松叶。于是，松毛虫们就开始一圈一圈地绕着花盆走，循环往复，不曾停歇，直到七天七夜之后，悉数在饥饿和疲累中死去。它们不曾想到，只要有一只松毛虫稍微脱离既有的路线，就能够吃到嘴边的松叶，但却没有一只这样去做。

社会心理学家通过研究发现，影响从众行为的最重要因素并不是某种意见本身，而是持有人数的多少。人多本身就具有一种天然的煽动性，哪怕真理并不一定掌握在大多数人手里，还是很少有人会在大家都众口一词，认定某个意见的时候还继续坚持己见。"群众的眼睛是雪亮的""出头的椽子先烂""木秀于林，风必摧之""少数服从多数"等，诸如此类的教条陈规容易对我们的判断和行动产生束缚作用。

很多时候我们不得已放弃自己认为正确的意见，而去"随大流"，是因为我们每个人不可能对任何事情都有全面的了解，尤其对有些不了解、不确定的东西，会存在疑惑。这时，持有某种意见的人数多少往往会在很大程度上影响从众心理，并对剩下反对该意见的人形成压力。在一个社会团体中，成员们的行为经常是高度一致的，如果谁的意见"与众不同"，则容易有"背叛"的嫌疑，会遭到孤立甚至惩罚。

但同时，"羊群效应"也告诉我们，众人都认同的道理未必是正确的，有的会出现恶意引导的情况，这时就需要多留个心眼，保持清醒了。一味跟风的普通大众，喜欢凑热闹，人云亦云，是很容易丧失基本判断力的，一旦被潮流的恶意所引导，结果只能是达到了引导者的目的，让不明真相的群众成为了垫脚石。尤其跟风行为与阴谋挂钩时，后果就会不堪设想。

为了防止被潮流的恶意所引导，我们应当对"羊群效应"有一个冷静的认识，对他人提供的信息不可全信，凡事要保持自己的判断力，注意分辨真伪和对错，鉴别事情本身的性质。从正确的世界观、人生观、价值观、社会公德和人道主义出发，多一些审视，不盲目从众，有自己的思想，保持创新意识和独立思考能力，是至关重要的。

沉没成本：不忘过去，没有未来

一个姑娘去问爱情专家，怎么样才能更好地拴住男朋友的心，让他对自己始终一心一意，不离不弃。爱情专家回答姑娘说："那就让他在这场爱情中付出得更多，无论是时间、金钱，还是精力，越多越好。"

爱情专家这样回答的目的，并不是教姑娘"抓住了他的胃就抓住了他的心"的道理，而是用经济学的思维，教她学会增加男方的"沉没成本"。人们在决定是否去做一件事情时，通常不仅会看做这件事对自己有无好处，能不能给自己带来利益，也会看过去在该事情上有没有过投入。凡是那些已经失去、不可收回的支出，或无法挽回的代价，如时间、金钱、精力等，统统可以看作是"沉没成本"。

一般说来，花出去的钱，付出的时间和精力，就犹如泼出去的水一样，怎么都收不回来，是不需要多想的，关注现在才是当下最需要考虑的。即沉没成本是以往发生的、与当前决策无关的付出，不应该影响以后的决策。因为从决策的角度来看，过去发生的成本只是造成目前状况的因素之一，当前决策却要考虑未来可能支付的成本及获得的收益，而不是考虑之前产生了哪些成本。

话是这么说，但现实生活中，人们经常陷入到沉没成本的泥潭里，深深为之苦恼。打个比方，一对情侣谈了五年的恋爱，越到后来，女方就越发觉得对方身上的毛病很多且难以改正，不太适合走入婚姻的殿堂。但如果要分手，她又舍不得，原因并不是对男方还有感觉，而是已经为这段感情付出了太多，大好的青春年华都给了对方。"沉没成本"过高，让女方在分手面前显得踟蹰不定。文章开头爱情专家的话就是这个道理，当男方为姑娘不断地付出时间和金钱，付出得越多，就会陷得越深，到最后无法自拔，离开就不会那么轻而易举。

本来根据经济学的逻辑，"沉没成本"不应与决策制定相关。但实际的生产经营和日常生活中，决策时顾及"沉没成本"的现象广泛存在着。我们总是容易为了避免损失带来的负面影响而对过去的付出不肯释怀，从而选择一种非理性的行为方式。

作为经济学界最棘手的难题之一，"沉没成本"如果处理不好，将会不可避免地产生两大误区：

（1）过分沉溺于"沉没成本"，坚持既有的错误，引发更大的损失；

（2）担心出现没有产出效益的"沉没成本"，以至于从一开始就畏手畏尾，不敢投入。

如果你花了50元钱去看电影，本来冲着宣传噱头以为会很精彩，哪知坐在电影院里看了10分钟后，发现并不怎么样。但想着既然来了，就耐着性子继续看下去。但又看了10分钟，更加觉得电影很糟糕，失望不已。这种情况下，一般会有两种选择：

带着怨气，闷闷不乐地继续把电影看完，不想浪费花出去的电影票钱；拒绝浪费时间，果断走出电影院，去做别的事情。

只要你是理性的，就不应当在做决策时考虑"沉没成本"，不忘过去，就会没有未来。都已经后悔看这场电影了，何不放弃它，用看电影的时间去做别的让自己感到更开心、愉悦的事，会是更明智的选择。

因此，决策需要聚焦未来的成本和收益，而非过去的。正确的做法是不要再过多去想那些已经失去的东西，产生的损失，付出的时间、金钱和精力。想太多，反而会形成束缚，不敢遵从内心做出真正的决策。若你真想看一部高质量的电影、一场别开生面的演出、一场酣畅淋漓的比赛，那就坚定自己的选择，对自己不满意的说"NO"，立即抽身离去；当一段感情已经危机重重，裂痕越来越大，双方都觉得很痛苦、很难受时，若你因为投入太多而不忍心离开对方，就更没必要耗下去了，人要懂得放过他人也放过自己，及时抽身止损，这样未尝不是一件好事。

退一步海阔天空，不考虑沉没成本说起来容易做起来难，实际运用时应当慎重。损失和收益对人造成的影响程度有着很大不同，人们往往会陷在损失带来的痛苦中，与收益带来的喜悦相比，损失产生的刺激要多很多。但要解除"沉没成本"的魔咒，就必须忘掉过去，事关未来的决策，一定要"向前看"。具体该怎么做，你懂的。

最大笨蛋理论：你是最蠢的人吗？

在股票和期货市场中，投机行为普遍存在。在 1720 年的英国股市投机狂潮中就有这样一个插曲：一个名不见经传的人开了一家莫须有的公司，并且这家公司还上市了。从始至终，都没有人知道这家公司具体是做什么的，但在公开发售认购时，却有近千名投资者踏破了该公司的门槛。实际上，并没有多少人真的认为自己会获得丰厚收益，只是都预期会有更多的笨蛋来买该公司的股票，推动股价上涨，这样自己便能赚到钱。很有意思的是，大科学家牛顿竟也参与到了这场投机中来，还最终成为了最大的笨蛋，也就是最后的接盘者。经由此事，牛顿不得不感叹道："我能计算出天体运行的轨迹，却偏偏计算不出人心的疯狂！"

这是一个非常有趣的理论，是经济学家凯恩斯提出来的，叫"最大笨蛋理论"。当然，它也有一个官方的名字，"博傻理论"，专门指股票、期货等资本市场中，人们很多时候不会去探究某个东西的真实价值，但却愿意花高价去购买它，不是因为这个东西一定很值钱，很有可能它一文不值，而是预期会有一个比他们更大的笨蛋，会花费更高的价钱来从他们手里买走它。本质上，它是"击鼓传花"的游戏，最后传到谁手里，谁就是那个最大的笨蛋。

因此，"最大笨蛋理论"告诉我们的一个最重要的道理是：在这个世界上，蠢并不可怕，可怕的是做最后一个笨蛋。那么，只要你不是最后那个最大的笨蛋，你就会成为赢家。许多投机行为或赌博行为中，关键是判断有没有比自己更笨的笨蛋。如果有，就只是赚多赚少的问题了。假若再没有一个愿意出更高价钱的更大的笨蛋来接你的盘，做你的"下家"，你就会是那个最大的笨蛋。

凯恩斯为了能够更好地专注于学术研究，不受金钱的困扰，最开始经常外出讲课，靠课时费来增加收入。1908 年到 1914 年这六年时间里，经济学原理、货币理论、证券投资等课他都讲，什么赚钱就讲什么，完全来者不拒，也由此被学界戏称为"一架按小时出售经济学的机器"。

不过，课时费不过是"杯水车薪"，靠讲课压根赚不了多少钱。于是，他在 1919 年 8 月借了几千英镑，决定试一下远期外汇投机。没想到的是，才四个多月的时间，凯恩斯就净赚了一万多英镑。这不免让他大喜过望，要知道，这在当时可是相当于他讲课 10 年的收入。很多资本市场的投机客也常常会有这样的经历，一开始可能会挣到很多钱，让人觉得这样来钱太快太容易，就会生出一种志得意满的情绪，飘飘然起来。丧失了警觉性和判断力后，就会很快掉入万丈深渊里。仅仅三个月后，凯恩斯就连本带利地输了个精光。越是在赌桌上输掉的，越想要将它赢回来，赌徒往往会有如此心理。七个月后，凯恩斯便又投身到棉花期货交易中，在里面狂赌一通，且获得巨大成功。不满足的他借此把所有的期货品种尝试了个遍，还嫌不过瘾，又去炒股。经过 10 多年的时间，凯恩斯攒下了一生都享用不尽的大笔财富，直到 1937 年因病"金盆洗手"。

不同于一般赌徒的是，凯恩斯作为一位有名的经济学家，在一场场投机赌博中，不但赚取了极为可观的利润，还给后世留下了极富魅力的赌经——"最大笨蛋理论"，既是投机活动的副产品，也是一个最有益的收获。

可以说,凯恩斯后期的"最大笨蛋理论"实践是很成功的,经济学家不但让别人都成为了笨蛋,也让自己免于成为最后的"最大笨蛋"。在资本市场中,我们每个人对于行情趋势的判断是不一致和不同步的,有的人乐观,有的人悲观,有的人消息灵通,有的人信息闭塞,有的人行动迅捷,有的人行动迟缓。判断的差异导致整体行为的差异,使得"最大笨蛋"必然出现。而成功的投资人告诫我们,活得久比赚得多更重要。

想要赚快钱,缺乏独立判断,从众心理严重,相信供求而不是价值决定价格,是"最大笨蛋理论"中的最后接盘者的通病。不想做最蠢的那个人,那就永远不要朝着让你成为"最大笨蛋"的方向走。当然,这很需要点本事。

消费者剩余效应:如何在消费中节省

近代英国最著名的经济学家、剑桥学派创始人、剑桥大学教授阿尔弗雷德·马歇尔,是 19 世纪末 20 世纪初英国经济学界最为重要的大师。在他的努力下,经济学从人文和历史学科中的一门必修课,发展成为了一门独立学科,并具有相似于数学、物理学的科学性。也是在他的影响下,剑桥大学建立起了世界上最早的经济学系。

"消费者剩余"的概念,就是马歇尔在《经济学原理》一书中从边际效用价值论演绎出来的。马歇尔指出,消费者对一件商品支付的价钱，绝不会超过他愿意为该商品付出的最高价钱，否则他便不会购买。

对消费者来说，我们都希望能够以期望的价钱购买到某种商品，但如果在消费时实际所支付的价钱比预想的要低，那我们就会觉得占到了"便宜"，会从中获得乐趣，产生心理满足感。反之，如果商品价格高于预期，我们就会放弃购买它。因为所购商品的实际价格比期望的低，我们会得到满足；同理，因为商品价格高于预期而选择不买，也会获得一种满足，这时我们会想，虽然没有买到该商品，但也没有失去金钱。

所以，"消费者剩余"指消费者购买一定数量的某种商品所愿意支付的最高价钱与商品的实际市场价格之间的差额。一般认为，边际效用＝边际支出，是消费者剩余达到最大的条件。作为衡量消费者福利的重要指标，消费者剩余分析在经济学应用中十分广泛，尤其是如何在消费中节省成本是一个大课题。

通过"消费者剩余"我们也可以看出，很多商场、店铺时常会有各种各样的促销活动，一般是八折、九折，力度大点的是六折、五折，更猛烈的是三折、两折都有。商家这么做的目的，就是运用"消费者剩余效应"，让顾客因为折扣的惊喜获得更多心理满足而已。但本质上，这并不能给消费者真正带来实际收益。

很多时候，我们比对一下会发现，在高档购物商场中以折扣价买回来的东西，却比一般商铺的价格还要高一些。因为做生意的人很善于利用增加消费者的剩余效应，以"打折"的手法诱惑消费者进行购买。消费者看上去好像占到了"便宜"，获得了心理满足，实际却付出了真金白银。

　　商家为追求"生产者剩余"，会先抬高价格，再故意降价刺激消费者的购买神经，以使自身利益最大化，而消费者会为追求"消费者剩余"而买打折的商品，从而掉入商家精心设计的"低价"陷阱中。既然商家会利用"消费者剩余效应"来牟利，为赚更多的钱而尽可能剥夺消费者剩余，那么，消费者又如何应对呢？运用"消费者剩余效应"进行杀价便是一个办法。

　　比如，我们去服装店买衣服，有一件大衣标价 880 元，但实际上我们花 180 元就能买下来。因为商家想把所有的消费者剩余都赚去，所以会标那么高的价格。虽然大衣的成本不足 180 元，但会有人特别喜欢这件衣服，就会愿意出 180 元甚至更高的价格买它，从而产生消费者剩余。如果是比较有经验的顾客，在看上这件大衣时，往往会不动声色，一步一步和店主砍价，让自己花相对合理的钱买下这件衣服。对于那些经验比较欠缺的顾客来说呢，当他看到有一定折扣，以为买下来会占到便宜，殊不知高高兴兴地花了 580 元买下大衣时，商家已经狠发了一笔小财。

　　现实情况通常就是这样，如果商家联合抬高商品的价格，那么消费者就会决定观望，拒绝进行即刻消费，迫使商家降价，放弃对大额"消费者剩余"的攫取。如果商家把商品价格定得比较低，甚至比成本价高不了多少，消费者就会决定购买，这样更容易产生真正的"消费者剩余效应"。当商家与消费者合作，在商品的交易中，商家赚到了钱，成为企业竞争中的赢家，同时让利于消费者，使消费者得到了更大的满足，实现彼此的双赢，就会在两者之间形成最大默契。把握好合适的尺度，我们就可以在消费中节省，得到看得见的实惠。

长尾理论：一天河东，一天河西

2004 年 10 月，美国《连线》杂志主编克里斯·安德森撰写《长尾》一文，描述亚马逊、Netflix 之类网站的经济和商业模式，最早提出"长尾"一词。2006 年 12 月，中信出版社出版《长尾理论》一书，书中克里斯·安德森对长尾理论做出详细的表述。

克里斯·安德森是一个对数字极为敏感的人，喜欢从数字中发现和探索商业规律。有一天，他和 eCast 首席执行官范·阿迪布会面，对方提出了一个"98 法则"，让安德森感到耳目一新，对他的研究方向产生了启发和改变。从数字音乐点唱数字统计中，范·阿迪布竟发现了一个不可思议的秘密：对 98% 的非热门音乐，听众居然有着很大的需求，他们几乎盯着所有的东西，而不是之前认为的只喜欢热门音乐。也就是说，非热门音乐的集合市场是相当巨大的，甚至是难以想象的大，范·阿迪布将之命名为"98 法则"。

乍听之下，安德森意识到这个看起来有悖常识的"98 法则"很可能蕴含着一个强大的真理。在对亚马逊、Blog、Google、eBay、Netflix 等互联网零售商的销售数据进行详细研究，并将之与沃尔玛等传统零售商的销售数据对比之后，他更加确定了"98 法则"的正确性。从中，安德森发现了一种符合统计规律（大数定律）的现象，就像以数量、品种为二维坐标的一条需求曲线，拖曳着长长的尾巴，向着表示"品种"的横轴尽头延伸。灵感一闪之下，安德森想到了用"长尾"来命名它。

　　实际上，"长尾"是统计学中幂律和帕累托分布特征的一种口语化表达。长尾理论的兴起，是伴随着互联网迅速发展产生的新理论。互联网的兴起，大大降低了商品流通的成本和效率，使得商品存储、流通、展示的场地和渠道足够宽广，当成本低到个人都可以进行生产，且销售成本也急剧下降时，就会出现大量各式各样在以前规模化经济时代难以出现的需求极低的商品。只要真的有人卖这样的产品，哪怕只有一件，就会找到买家。那些市场需求和销量并不高的产品，将能够共同占据和主流产品相当的市场份额，甚至是更多。

　　简而言之，长尾理论是指当产品的存储和流通的渠道达到一定程度时，需求不旺或销量不佳的产品所共同占据的市场份额，会和少数热销产品所占据的市场份额相匹敌或是更大。长尾力量便是由众多小市场汇聚成的，可以和主流产品市场竞争的市场能量。

　　长尾市场也被称为"利基市场"，英文"Niche"（利基），就是"壁龛"，拾遗补缺或见缝插针的意思。过去人们只关注那些重要的人或事，而忽略大多数不那么重要的人或事。用数学上的正态分布图来表述，就是人们通常只关注到曲线的"头部"，而曲线的"尾部"则在大多数情况下被忽略，"尾部"就是需要更多精力和成本才能关注到的大多数人和事。举个例子，厂商在销售产品时，往往将关注的焦点放在少数几个大客户身上，而大多数普通消费者是无暇顾及的。我们在写作和与人交流时常常用到的汉字，都是平日里出现频率很高的字词，而它们的总数其实并不多，绝大部分的汉字我们经常都难得一用，它们就是汉字中的"长尾"。

互联网和移动互联网时代，人们关注的成本得到极大降低，可能会以很低的成本关注到正态分布图的"长尾"，并且因为关注"长尾"所产生的总效益甚至会超过"头部"。所以安德森认为，互联网时代催生出一个关注"长尾"、充分发挥"长尾"经济效益的全新时代。长尾涉及的冷门产品可以涵盖几乎所有人的需求，没有你买不到的，只有你想不到的，只要你有某种需求，就会有更多人意识到这种需求，从而冷门就不再是冷门。

一直以来，人类都在用"二八法则"来界定什么是主流，计算投入和产出的效率，并将之贯穿到整个商业社会和日常生活中。但"长尾理论"的出现，对传统的"二八法则"说不，进行了一场彻底的叛逆。一天河东，一天河西，互联网时代，一切皆有可能。

在互联网，尤其是现在的移动互联网趋势下，被奉为传统商业圣经的"二八法则"土壤被"长尾理论"松动，其中媒体和娱乐产业表现得尤为明显。不仅如此，越来越多的行业驱动模式正在呈现出从主流市场向非主流市场转变的趋势。

小数法则：细节会暴露很多

无论是去拉斯韦加斯或澳门赌场大赌特赌，还是在网络上、现实中与人小赌，当我们接触赌博的时候，首先应该明白，我们在赌什么，赌金钱还是赌刺激？也就是说，在金钱与刺激的背后，究竟是什么在驱动我们参与赌博？

实际上，我们赌的是概率。人类在长期的社会实践中总结发现，随机现象的大量重复，必然会出现一个通行的规律，也就是"大数法则"（"大数定律"或"平均法则"）。赌博的必然性正是依靠大数法则产生的概率。比如抛硬币，猜抛出来朝上的一面是正面还是反面，反反复复地抛，试验无数次之后，会发现正面与反面的概率会各趋于 50%。这就是"大数法则"，即一种赌博最终呈现的规律。

但赌博时，在"大数法则"之外，还存在着一种"小数法则"。与"大数法则"是客观规律不同，"小数法则"是一种直觉思维，是阿莫斯·特沃斯基和丹尼尔·卡纳曼在对不确定性的研究中对"赌徒谬误"的总结。

他们的早期工作主要基于这样的观点：总体上看，人们通常难以对周围环境做出经济学的和概率推断的总体严格分析。但二人通过研究却发现，在不确定性下的推断系统，会对传统经济理论提出的理性模型产生偏离。实际推断过程中，人们更多靠的是某种顿悟或经验，以至于经常导致系统性偏差。

"赌徒谬误"的例子是，许多人都经常预期一个随机赌局的第二轮会出现与第一轮相反的结果，然而，实际上从统计学上看，每一轮赌局都是相互独立的。另一个典型例子是，若一位投资者观察到某个基金经理过去两年的投资业绩要好于所有基金经理的平均水平，就想当然地得出这位基金经理要比一般的基金经理优秀的结论，实际上这是比较片面的。

"小数法则"（也叫"小数定律"）认为，人类行为本身并不总是理性的，面临不确定性的情况下，人们的思维过程会因思维定势、表象思维、外界环境等各种因素的影响而出现系统性偏见，从而对理性法则产生偏离，为走捷径而采取并不理性的行为。在小数法则面前，真实的统计规律显得非常微弱，人们只依凭暴露出来的细节进行判断，但暴露的细节是有很多问题的。

大多数人在判断不确定事件发生概率的时候，经常会违背"大数法则"，忘记基本概率，而不由自主地采用"小数法则"，滥用"典型事件"。盲人摸象，以偏概全，说的就是"小数法则"。

"小数法则"使得人们总是倾向于将大样本中得到的结论错误地照搬到小样本中，用"个别"代替"整体"，犯下经验主义错误。譬如，人们明明知道抛硬币的概率是正反面各一半，但在连续 5 次抛出正面之后，仍然会倾向于判断第 6 次会是反面出现的概率更大。关于这一点，已经有大量的实验和证券市场上的错误预测予以了证实。

将小样本中某件事的发生概率当作总体分布，可以说"小数法则"是一种心理偏差。不确定性情形下，有限理性使得我们容易抓住问题的某个特征就直接推断结果，而不去考虑该特征出现的真实概率和相关原因。凭借直觉思维，有时候会造成很严重的偏差，尤其会对事件的无条件概率和样本大小形成忽视。

理解"小数法则"的一个最大好处，就是能够意识到，如果统计数据很少，事件就会表现为各种极端情况，而它们都是偶然事件，与期望值其实并无关系。只要统计数据不够大，"小数法则"就会什么也说明不了。那些职业赌徒之所以能够长期获利，除了本身心理素质强悍外，最重要的是完美运用"大数法则"验证出来的统计规律，让长期赢的比输的多，而非看重一时的输赢。

　　当然，"小数法则"并不是一无是处，我们也可以从中发现细节暴露出来的很多问题，从而及时反思和纠正。因为我们的经验是非常有限的，需要更多地学习统计学思维，看到"小数法则"的局限性，不唯"细节"马首是瞻，而应看到大规模统计所反映的一般规律。